中国青少年网络素养绿皮书

（2024）

方增泉　祁雪晶　元英◎著

人民日报出版社

北京

图书在版编目（CIP）数据

中国青少年网络素养绿皮书. 2024 / 方增泉，祁雪晶，元英著. —北京：人民日报出版社，2025. 5.
ISBN 978-7-5115-8806-7

Ⅰ. TP393

中国国家版本馆CIP数据核字第2025AA0308号

书　　名：中国青少年网络素养绿皮书. 2024
　　　　　ZHONGGUO QINGSHAONIAN WANGLUO SUYANG LÜPISHU. 2024
著　　者：方增泉　祁雪晶　元　英
责任编辑：梁雪云
封面设计：中尚图
出版发行：人民日报出版社
社　　址：北京金台西路2号
邮政编码：100733
发行热线：（010）65369527　65369846　65369509　65369512
邮购热线：（010）65369530
编辑热线：（010）65369526
网　　址：www.peopledailypress.com
经　　销：新华书店
印　　刷：三河市中晟雅豪印务有限公司
法律顾问：北京科宇律师事务所（010）83632312
开　　本：710mm×1000mm　1/16
字　　数：303千字
印　　张：18
版次印次：2025年7月第1版　2025年7月第1次印刷
书　　号：ISBN 978-7-5115-8806-7
定　　价：69.00元

目　录
CONTENTS

导　言

　　提升公民网络素养是社会生产力进步的现实要求，是促进人的全面发展的现实需要。未成年人是"数字原住民"的组成部分，网络已经深度融入他们学习、生活的方方面面，影响着他们对自我和社会的认知，影响着他们世界观、人生观和价值观的养成。随着网络日益成为未成年人获取知识的重要渠道，网络素养促进也成为未成年人网络保护的重要任务。基于认知行为理论和调查研究，课题组首创了青少年 Sea-ism 网络素养框架，将青少年网络素养分为六大模块进行调研。调查显示，青少年网络素养平均得分为 3.63 分（满分 5 分），略高于及格线，有待进一步提升。相比 2020 年的 3.54 分、2022 年的 3.56 分，分别增长了 0.09 分、0.07 分，这说明一方面青少年作为"数字原住民"，对新媒体、新技术具有自适应能力；另一方面政府和社会对青少年网络保护工作的良好氛围和环境进一步优化。回归模型显示，个人属性中的性别、年级、户口、地区、每天的平均上网时长，家庭属性中的青少年的父亲学历、家庭收入、与父母讨论网络内容频率和与父母亲密程度，学校因素中的青少年在网络技能、素养类课程中的收获、与同学讨论网络内容的频率，对青少年网络素养有显著影响。通过中介分析，发现上网时间、心理韧性等均对网络素养（自变量）和网络成瘾（因变量）之间起到中介作用。基于青少年网络素养的量化研究成果，结合青少年成长发展的现实语境和社会土壤，针对青少年的网络素养的培养和发展这一议题，我们认为"赋权""赋能"和"赋义"是网络素养培育的核心理念。结合 2022 年 4 月发布的《义务教育信息科技课程标准（2022 年版）》的贯彻落实，提出具体建议措施：（一）实施青少年网络素养个人能力提升行动计划，着力建设基于人工智能的个性化学习平台和体验式实践平台；（二）实施青少年家庭网络素养教育计划，赋能家网络素养的提升；（三）构建青少年网络素养教育生态系统，发挥学校的主阵地作用；（四）政府完善法制、监管与社会保护制度，为青少年创建风清气正的网络空间；（五）互联网平台形成行业自律与行业规范，承担起主体责任；（六）集结社会各界力量共同促进青少年网络素养提升，构建多方协同联动机制。更开放的、更有建设性的网络素养培育体系必将助力未成年人的成长发展，使其把青春奋斗融入党和人民的事业，努力成长为数字时代的合格公民和中国式现代化建设的生力军。

文献综述

一、网络素养概念辨析

1994 年，McClure 最早提出网络素养（Net Literacy）的概念，自此学界对网络素养的探索不断深入。网络素养最初指的是个人识别、访问和使用网络中的电子信息的能力，涵盖了信息素养、传统听说读写素养、媒介素养、电脑使用素养和网络资源利用素养等内容。随着信息技术的飞速发展，学界对网络素养的解读也在不断扩展和深化。Selfe C. 在 1999 年提出，网络素养还包括个体面对网络时的价值观和实践技巧。2000 年，Silverblatt 进一步扩展了网络素养的内容，包括选择网络消费、理解网络传播原理、认识网络的影响等七个方面。

进入 21 世纪，网络技术的快速发展重构了社会信息传播系统，学界开始更加关注基于网络环境的网络素养。2002 年，卜卫指出，培养网络素养应着重于引导青少年构建对信息的批判性思维模式、深化对媒介的认知、增强对负面信息的抵抗力，并教会他们如何有效利用大众传媒助力自身成长。同时，青少年还应掌握计算机网络的使用与管理技能、信息的创造与传播技巧，以及保障个人上网安全的能力。陈华明等从技能层面界定了网络素养，认为网络素养是网络用户正确且高效利用网络的能力，这种能力是在与网络交互过程中逐渐习得的，是现代社会信息化生存不可或缺的一项技能。在此基础上，贝静红从更全面的角度拓展了网络素养的概念。她认为，网络素养不仅涉及网络使用的技能，还包括对网络知识的深刻理解、对网络的正确使用与有效应用、对网络信息的合理利用，以及这些能力如何服务于个人成长。黄永宜则进一步指出，网络素养是一个多层面的综合能力，它既包括基础的、获取网络知识和信息的技能，也涵盖了对网络信息价值的感知、判断与筛选能力，解构网络信息的能力，对网络世界虚幻性的认识，网络伦理观念的树立，对网络交往和网络双重性作用的深刻理解，等等。

Livingstone 提出了网络素养的四个关键能力：接近、分析、评价和生产网络媒介内容。其中，"接近"是指接触并使用网络的能力，"分析"是指处理和理解网络信息的能力，"评价"是指辨别和分析网络信息真实性的能力，"生产"是指生产 和制造出网络信息的能力，这四个方面的能力互相补充、相辅相成，应作为一个 整体进行综合评价。

随着信息技术的革新和信息环境的飞速变化，信息素养、网络素养等新概念也进入了网络素养的研究领域。这些新概念与网络素养有着密切的联系，共同构成了现代人在信息时代所需的综合素养。信息素养作为网络素养等相关素养的基础，也为其形成提供了源泉。欧美国家使用"网络素养"（Digital Competence）一词，更加突出现代信息技术在人们生活和工作中的重要性以及现代信息技术不同于过去信息技术的数字化实质。

二、网络素养维度划分

在网络素养的维度划分上，不同学者从不同的学科角度和实践经验出发，提出了多样化、理论化的观点。美国学者 Howard Rheingold 将网络素养划分为注意力、对垃圾信息的识别能力、参与力、协作力和联网智慧五个层面，突出了网络素养在数字时代的综合性和实践性。韩国学者 Kim 和 Yang 侧重于网络技能素养和网络信息素养两个方面，强调了技能和信息处理能力在网络素养中的重要性。

李宝敏从心理学的角度出发，将网络素养分为知、情、意、行等多个维度，深入理解了网络素养的心理机制和发展过程。王伟军等基于网络对青少年的影响，认为网络素养应包括网络知识、网络辩证思维、自我管理、自我发展和社会交互五部分内容，体现了网络素养在个体成长过程中的重要性和综合性。田丽从认知、观念和行为三个层次出发，提出了包括信息素养、媒介素养、交往素养、网络素养、公民素养和空间素养在内的六个方面，涵盖了网络素养的多个关键领域。这些划分方式各有侧重，但都旨在全面深入地理解网络素养的内涵和外延，为提升个体的网络素养提供理论支持和实践指导。

目前，学界针对网络素养的研究主要从传播学、心理学、教育学、马克思主义理论等方面进行考察，因此研究所应用的理论框架也大多出自这些学科。学者们从多维视角形成了多样化的理论框架和评价指标。这些研究不仅丰富了网络素养的内涵，也为构建全面而深入的网络素养研究体系提供了有力支撑。

传播学领域中，学者们运用使用与满足理论、媒介依赖理论等经典传播学理论深入剖析了个体的网络使用素养。宋琳琳等重点探讨了网络时代网民对网络媒体的使用需求，揭示了满足信息获取、情感交流、自我实现等七项需求是网民使用媒体的缘由，只有不断提升网络素养才能够满足网民使用网络的需求。武文颖依托媒介依赖理论中媒介、社会与受众的三角关系，设计出网络使用和影响认知的调查问卷，并构建起大学生网络沉迷多因素的影响模型。

心理学领域的研究则更加关注个体在网络使用中的认知、情感与行为能力。张开从认知心理学的角度解读了媒介素养，将信息素养、网络素养等概念统筹于媒介素养的概念之中，强调了媒介素养在信息加工中的基础性作用。田丽则结合生态系统理论，探讨了儿童所面临的数字风险及其影响因素，为儿童网络素养的提升提供了重要参考。

在教育学领域，学者们的视角多集中于网络素养教育的实施与推进方面。郭路生等基于阈值理论，将网络素养和"阈值"概念联系起来，提出了创新性的"互联网＋"素养框架，为网络素养教育提供了新的思路。罗艺等运用镜脉学习理论和学习者特征理论，探究了大学生信息素养教育的路径，认为信息素养的镜脉情境与个人身份、共生环境、网络环境和社会环境四方面具有密不可分的关联，并强调了个人特质在网络素养提升中的关键作用。英国学者 John Potter 从教育角度出发，提出了一个创新的网络素养教育理论框架"动态素养"框架，认为网络素养并非孤立存在，而是与社会文化环境、文本解读能力以及设计创新思维紧密相连，对传统网络素养教育观念进行了深刻的变革。

此外，马克思主义理论和其他哲学理论也为网络素养研究提供了重要视角。安涛基于马克思主义人的发展理论，将网络素养划分为技术性、社会性和个性三个类型，深化了网络素养的内涵理解。李宝敏将杜威的技术探究理论应用于中小学生网络素养教育中，指出面对网络世界的复杂性和不确定性时，通过探究实践提升网络素养的重要性。不同学者从不同的学科视角出发，丰富了对网络素养的理解层次，共同推动了网络素养研究的深入发展。

第一章

网络素养测量框架

基于认知行为理论和调查研究，课题组首创了青少年 Sea-ism 网络素养框架，将青少年网络素养分为六大模块进行调研：上网注意力管理能力与目标定位（Online attention management），网络信息搜索与利用能力（Ability to search and utilize network information），网络信息分析与评价能力（Ability to evaluate network information），网络印象管理能力（Ability of network impression management），网络安全与隐私保护（Ability of network security），网络价值认知和行为（Ability of Internet morality）。该模型共 15 个指标，通过 60 个题项进行测量。

一、上网注意力管理

（一）注意力

神经认知学家 Jean-Philippe Lachaux 在《注意力：专注的科学与训练》一书中指出："注意，首先是一种心理现象。"[①] 心理学家詹姆斯认为"注意"是"意识以清晰而迅速的形式，在多种可能性中选取一个物体或一系列想法的过程"[②]。在《注意力市场：如何吸引数字时代受众》一书中，韦伯斯特把注意力简单定义为："对某条特定信息的精神集中，当各种信息进入我们的意识范围，我们关注其中特定的一条，然后决定是否采取行动。"[③]注意力的概念超越了控制、内容、媒介、受众和效果，而把目标直指传播效果。与此类似，詹姆斯认为定焦、集中和意识是注意的关键因素。这种"集中"出现在人们潜意识中的搜索和决策阶段之间。

---

① Jean-Philippe Lachaux，刘彦. 注意力：专注的科学与训练 [M]. 北京：人民邮电出版社，2016.
② James W.,The Principle of Psychology,NewYork,Holt,1980.
③ 韦伯斯特，郭石磊. 注意力市场：如何吸引数字时代受众 [M]. 北京：中国人民大学出版社，2017.

在搜索阶段，我们会对从周围环境中摄入的大量知觉进行筛选。在决策阶段，我们决定是否对吸引我们注意力的信息采取行动。但与"知觉"不同的是，注意力是有目标的、具体的。

在注意力的分类上，韦伯斯特将注意力分为六种类型，两两一组互为对应。（有意的 / 无意的、厌恶引起的 / 喜爱引起的、被动的 / 主动的）但对个体来说，代表注意力的不同类型互不排斥。Jean-Philippe Lachaux 则将注意分为"选择性注意""执行性注意"和"持续性注意"。这种分类凸显了注意的先后有别，因此，扬·劳威因斯认为"注意"是一种有偏差的现象[①]。与注意力密切相关的还有"正念"这一概念，乔·卡巴金创造了这一概念用以指代对注意和觉察能力的培养。有关"正念"的研究显示，对成年人来说，正念训练显示出对与执行功能相关的大脑重要区域产生积极影响，包括冲动控制和决策、理解他人、学习和记忆、情绪调节以及与自己身体的连接感。而对儿童来说，正念的效果更为明显。因此，教育领域研究工作者们正在将正念技能的培养引入国内外的 K-12 教育体系之中[②]。

（二）注意力管理

在数字时代，人们无时无刻不浸润在信息海洋之中。媒介信息卷帙浩繁，切割、侵占了人们的注意力。正如尤查·本科勒所言："网络环境中仅存的首要稀缺资源是用户的时间和注意力"[③]。因此，注意力管理显得尤为重要。早在20世纪70年代，诺贝尔奖得主赫伯特·西蒙就指出："信息的富裕造成注意力的匮乏，因此我们需要在丰富的信息源中有效配置注意力。"[④] 韦伯斯特在《注意力管理》一书中也提到："注意是一种稀少而珍贵的资源，不可能在同一时刻面面俱到，我们必须学会合理地分配注意，成为注意的主人。"注意力管理在心理学、认知神经科学、商业管理、市场营销领域成为热门的议题。来自不同领域的学者探索了注意力形成的内在生理机制，注意力管理的科学方法与训练手段，如为注意力研究和注意力管理提供了理论支撑与方法论。达文波特的注意力经济学认为，可

---

① Lauwereyns Jan. The Anatomy of Bias:How Neural Circuits Weigh the Options[M].The MIT Press, 2018-08-31.

② 正念养育——提升孩子专注力和情绪控制力的训练法 [M]. 北京：化学工业出版社，2017.

③ Turow Joseph. The Daily You:How the New Advertising Industry Is Defining Your Identity and Your Worth. 2012.

④ Mel Elteren. Digital Disconnect: How Capitalism is Turning the Internet Against Democracy Robert W. McChesney[M]. New York : The New Press , 2014, 37(2):221-223.

以利用"注意力选择器"对目标对象进行测量，通过对数据的统计与分析，得出数量更多、更有效的获得注意力的方法，在科学测量的基础上，可以开展针对注意力的管理。

目前，注意力研究总体上分为两类，一些研究者们在微观层面上，透过个体媒体用户的视角观察世界，关注个体如何应对信息轰炸；另一些研究者则将注意力视为宏观现象，研究因媒体而聚集或分化的群体，关注公众注意力本身产生的经济或社会意义。除此之外，注意力的建构也基于不同层次。韦伯斯特在《注意力市场：如何吸引数字时代受众》一书中指出，注意力构建的一个普遍模式是"效果层级"。从认知层次（意识或习惯），到情感层次（喜欢或者需求），再到行为层次。本书所研究的"上网注意力"是微观层面的注意力，指个体在使用网络过程中的注意力分配与管理，并从认知、情感、行为三个层次设置了相关测量题项。

（三）注意力网络

Posner 从解剖学和功能方面定义了注意力网络模型，根据这个模型，人类的注意力的组成部分涉及警觉注意力、执行注意力以及定向注意力三个不同的维度。警觉注意力表明机体处在一种随时都在进行自我防护和自我检视的状态，这样的预警机制可以随时对上层生物结构所发出的刺激信号做出有效的应对；执行注意力的定义为化解不同的认知反应之间的冲突；定向注意力通过空间提示线索让注意力集中，被试者可以在转动或不转动眼球的情况下将注意力进行集中。

（四）网络使用与自我管理

美国马茨（Marts）学院的爱德华·吉·奥基夫（Edward.J.Ockofe）教授在其《自我管理与方法》一书中认为："自我管理不是我们创造出的使我们自己适合进入的一个模子。它是我们创造出来的一个选择，是我们创造出来的关于我们将如何管理我们的动机、我们的时间、我们的学习习惯、我们的人际关系以及我们生活的其他方面的一种选择。"也是"关于我们将如何引导我们的情绪、行为和认识处在我们所希望状态的一种决策"。我国学者方卫渤和肖培在其《管理自己》一书中认为："自我管理是指处在一定社会关系中的人，为实现个人目标，有效地调动自身能动性，规划和控制自己的行动，训练和发展自己的思维，完善和调节自己的心理活动的自我认识、自我评价、自我开发、自我教育和自我控制的完整活动的过程。"

对上网行为的自我管理能力，即对自身上网行为的自律，包括上网时间的自我管理、信息选择的自我管理、网络表现的自我管理。它将有助于约束上网行为，减少行为偏差，培养正确的网络使用习惯[①]。学者们普遍认为，网络自我管理能力是网络素养的重要组成部分。荣姗姗认为，坚持客观上规范、约束上网行为，用"自我管理"的方法来增加行为自律能力，是培养良好上网习惯、减少网络沉迷的一条有效途径，也是必须具备的网络素养[②]。

国内学者从学校、家庭、社会三个方面对青少年的网络使用及自我管理进行了研究。在网络使用与自我管理研究中，唐静在《移动社交网络与青少年自我控制的关系研究》中论述了网络在自觉性、坚持性、计划性、冲动抑制和自我延迟满足这五个维度对青少年产生的积极和消极影响[③]。王传芬在《学生网络使用行为及对策分析——以德州市为例》中通过问卷调查法分析了学生的网络行为现状，总结出了青少年在网络使用过程中存在的一系列问题，如目的不明确、依赖严重、缺乏网络诚信等[④]。在家庭方面，蒋敏慧等通过问卷调查，论述了家庭教育方式与青少年网络行为的关系[⑤]。关于学生社会网络生活管理研究，主要是立法方面（如网络游戏、网络欺凌和网络犯罪），以及青少年网络素养培养的研究。

多项实证研究表明，青少年在使用网络的过程中，部分学生缺乏网络自我管理能力。一项针对大学生的网络素养现状调查指出，大学生处于离开父母监管而尚待找到有效自我管理方法的过渡期，很多人甚至还没意识到网络自控力的重要性，网络行为自我管理能力普遍较差。[⑥]在具体的操作过程中，《大学生网络素养现状及其培育途径探讨》通过测量"上网时间"来考量大学生对网络接触行为的自我管理[⑦]。《新疆少数民族大学生网络素养调查分析》通过调查学生"玩电脑游戏的频率""时长""目的"以及"对'反沉迷网络'控制系统的评价"，来测量

---

① 荣姗姗. 安徽高校学生网络素养现状及其教育实践探究 [D]. 安徽师范大学，2007.

② 荣姗姗. 安徽高校学生网络素养现状及其教育实践探究 [D]. 安徽师范大学，2007.

③ 唐静. 移动社交网络与青少年自我控制的关系研究 [J]. 华中师范大学研究生学报，2017, 24（1）：125–129.

④ 王传芬. 学生网络使用行为及对策分析——以德州市为例 [J]. 教学与管理，2013（24）：56–58.

⑤ 蒋敏慧，万燕，程灶火. 家庭教养方式对网络成瘾的影响及人格的中介效应 [J]. 中国临床心理学杂志，2017, 25（5）：907–910.

⑥ 焦晓云. 移动互联网时代提升大学生网络素养的对策 [J]. 学校党建与思想教育，2015（15）：83–85.

⑦ 刘树琪. 大学生网络素养现状分析及培育途径探讨 [J]. 学校党建与思想教育，2016（1）：57–58+72.

学生的网络自我管理能力[①]。

2014 年，胡敏霞提出"网络的快速发展使得各种舆论出现在公众的视野里，对人们的注意力已经产生了重要影响"，后来，她又对注意力四大机制的工作原理进行了解释，认为应该从集中、持久、转换和共享这四个维度对注意力进行管理[②]。姜英杰、王玉、严燕选择"元认知理论"作为量表维度建构的理论基础，将网络行为自我调控首先分为网络行为元认知知识、元认知体验和元认知调控三个维度。网络行为元认知知识分为个人变量（对自己作为网络使用者的优缺点的了解）、任务变量（正常和不良网络行为的标准）和策略变量，网络行为元认知体验分为上网前、中、后的情绪体验和感受，网络行为元认知调控主要分为计划（上网时间、活动等方面的计划）、监督（对上网时间、内容等的监督）、控制、调节和评估（对上网行为的效果等方面的评估）等维度[③]。以此为基础，姜英杰等人编制了《网络行为自我调控量表》，量表分为六个维度：网瘾认知、卷入性情绪控制、网络认知、下网自省、上网自控和网络依恋自控。该量表具备良好的信度和结构效度。

欧阳益、张大均、吴明霞参考王红绞的情绪、思维、行为自控的三维结构，同时加入内隐效应的研究，在三个维度下分别从意识、无意识和心理过程进一步细化网络使用自我控制量表的结构，最终建立起《大学生网络使用自我控制量表》。该量表由网络使用认知控制（计划性、觉察性、理性倾向）、网络使用情感控制（情绪激发、情绪调节、情绪控制习惯）和网络使用行为控制（控制执行、结果影响、冲动习惯）三个分量表构成，各分量表均有三个因素。该量表具有较好的信效度，能够用于大学生网络使用自我控制力测量[④]。

本次调查中，本课题小组借鉴欧阳益等人设立的《大学生网络使用自我控制量表》，构建起本课题测量"上网注意力管理能力"的题目。

- 上网前，我知道自己上网要做什么（网络使用认知）
- 我知道在网上什么该做，什么不该做（网络使用认知）
- 我知道如何不让网络信息干扰我的生活（网络使用认知）

① 李彦，宋爱芬. 新疆少数民族大学生网络素养调查分析 [J]. 中国出版，2013（14）：10-15.

② 胡敏霞. 加强网络时代的公众注意力管理 [N]. 人民日报，2014-06-05（007）.

③ 姜英杰，王玉，严燕. 青少年网络行为自我调控量表的编制及效度验证 [J]. 心理与行为研究，2014（3）：345-350.

④ 欧阳益，张大均，吴明霞. 大学生网络使用自我控制量表的编制 [J]. 中国心理卫生杂志，2013（1）：54-58.

- 我能分清网络世界和现实世界（网络使用认知）

- 上网时，我会沉浸在网络中，忘记周围的环境（网络情感控制）

- 上网时，要是有他人打扰，我会很生气（网络情感控制）

- 我喜欢浏览网上新奇刺激的内容（网络情感控制）

- 我上网时间长了，再做其他事情总有些不适应（网络情感控制）

- 我会主动控制自己的上网时间（网络行为控制）

- 一旦要学习或工作，我就会停止上网（网络行为控制）

二、网络信息搜索与利用

网络信息搜索与利用已经成为人们日常工作生活中不可或缺的行为。网络信息搜索是为信息利用服务的，中外研究者们对其进行了大量研究，尽管侧重点不同，但都认为，网络信息搜索是用户利用网络进行的信息搜索行为，它是受需求驱动的，包括浏览信息、筛选信息、利用信息等环节。

（一）信息的搜索与利用

英国情报学家 Wilson，将信息行为相关概念总结为基于一个联系在一起的嵌套模型（如图 1-1 所示），他认为："信息搜索是介于信息行为和信息检索两个概念之间的有意识进行的一种没有特定检索策略的信息活动。"[1] 也就是说，信息搜索是受某种需求驱使的，其目的在于利用信息、解决问题。对此，Dervin 也认为，信息搜索活动是一连串互动的、解决问题的行为过程。[2] 人们通过信息搜索进行主观知识的构建，通过一系列的沟通实践找到自己所需要的信息并加以利用。

---

① Wilson T. D. Human Information Behavior [J]. Information Science, 2000, 3 (2):49–56.

② Dervin B. An Overview of Sense-making Research: Concepts, Methods and Results [C]. Annual Meeting of the International Communication Association, TX, Dallas, 1983.

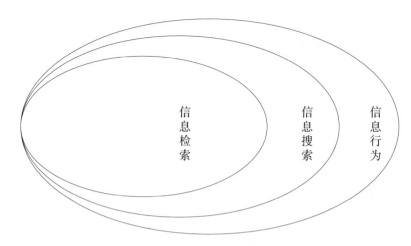

图 1-1　信息行为模型

既然信息搜索是一种有目的的活动，人们在进行信息搜索时自然也是带着任务的。Li 等认为，"任务是用户通过与信息系统进行有效交互来完成的"[1]，任务是影响信息搜索行为的主要因素，将对用户选择、发现和评估信息资源等行为产生影响[2]。Kim 从智力类型角度将任务分为事实型、解释型和探索型。事实型任务重在对客观存在的事实信息的搜索，任务结果是客观的，呈封闭性；解释型任务重在对信息的理解和归纳，其搜索结果具有一定的开放性；探索型任务重在通过搜索来作出高智能决策，其搜索结果完全开放。执行三种搜索任务对智力要求依次升高。[3]Bystrom 也对信息搜索与利用的任务进行了划分，分别是低难度、高难度与中等难度。其划分依据则是用户完成搜索任务的主观感受。[4] 任务的难易程度是影响信息搜索与利用成功与否的关键性因素。Ingrid 等人认为搜索任务的智力类型对搜索结果和检索词输入次数产生影响。[5]Ghosh 等则基于修订后的 Bloom 认

①　Li Y,Belkin Nj. A faceted approach to conceptualizing tasks in information seeking[J]. Information Processing & Management, 2008, 44 (6): 1822–1837.

②　Splomon P. Discovering information in Context [J]. Annual review of Information Science and Technology, 2005, 36 (1): 229–264.

③　Kim J. Describing and Predicting Information–seeking Behavior on the Web [J]. Journal of the American Society for Information Science and Technology, 2009, 60 (4): 679–693.

④　Bystrom K. Information and Information Sources in Tasks of Varying Complexity [J]. Journal of American Society for Information Science and Technology, 2002, 53 (7): 581–591.

⑤　Ingrid Hsieh Yee. Search Tactics of Web Users in Searching for Texts, Graphics, Known Items and Subjects [J]. Library Quarterly, 1996, 66(2): 161–193.

知分类法，设计了四种不同认知程度的搜索任务，探讨了不同任务类型下的用户搜索行为差异和学习效果差异。[①] 此外，行为主体的相关因素也对信息搜索与利用产生着影响。Kuhlthau 等人认为用户的认知、情感等是网络信息搜索行为的核心因素，信息搜索的每个阶段都与用户的认知和情感密切相关。[②]

国内学者在继承和发展国外关于信息搜索与利用的相关概念的基础上，对如何更好地进行信息搜索与利用进行了探讨。孙晓宁等从搜索用户和搜索系统两方面提出了建议，他们认为："对于搜索用户，应强调对学习目标内容的辨识和思考，明确检索主题，提升信息筛选与甄别能力；对于搜索系统，宜考虑便于用户在浏览页面过程中对搜索内容进行标记的相关功能设计。"[③] 陆溯则对大学生信息搜索行为进行了实证研究，认为大学生在对信息进行搜索和利用时存在不主动选择搜索引擎、对结果的来源和可靠性不加分辨、不重视信息线索等方面问题，并提出了改进措施——"高校信息素质教育需要结合大学生的信息行为，调整信息素质教育的培训内容，达到最佳的教学效果。"[④] 成全等发现当用户收到多平台信息刺激时，注意力控制水平将影响其信息搜索行为，并为优化跨平台学术信息搜索行为提出建议："加强用户注意力控制水平锻炼，培养良好的注意转移能力。鼓励用户培养定期进行跨平台学术信息搜索的习惯，提高其对信息的自我效能及有用性感知。"[⑤] 此外，还有不少学者对图书馆的信息搜索进行了研究。为提高学术用户信息服务的效果与满意度，杨倩提出："将 4 种服务类型（基础型服务、辅导型服务、辅助型服务、专业型服务）与 4 个阶段（目标领域未定、目标领域已定搜索策略未定、搜索策略已定搜索目标未定、搜索目标已定）相结合，形成

① Ghosh S,Rath M，SHAH C. Searching as learning: exploring search behavior and learning outcomes in learning-related tasks[C] / /Proceedings of the 2018 Conference on Human Information Interaction and Retrieval. New York: ACM Press，2018: 22-31.

② Kuhlthau C. C. Inside the Search Process: Information Seeking from the User's perspective [J]. Journal of the American Society for Information Science and Technology, 1991, 42 (5): 361-371.

③ 孙晓宁，姚青 . 信息搜索用户学习行为投入影响研究：基于认知风格与自我效能 [J]. 情报理论与实践，2020，43（10）：99-107.

④ 陆溯 . 大学生网络信息搜索行为实证研究——基于搜索引擎的利用 [J]. 图书馆理论与实践，2018（1）：79-82.

⑤ 成全，刘彬彬 . 用户跨平台学术信息搜索行为影响因素研究：注意力控制与自我效能的调节作用 [J]. 情报科学，2022，40（2）：82-90.

16 种个性化信息服务方案。"①

（二）网络时代信息的搜索与利用

随着网络时代的到来，互联网以其强大的资源整合能力，为用户的信息搜集与利用带来了极大的便利，成为信息搜集的主要平台。Choo 将认知、情感、情境以及环境作为影响网络信息搜索的四个因素，并从信息需求、信息搜索和信息利用三个阶段对这些影响因素进行考量，指出："信息需求阶段会受到压力、认知等情感因素的影响，而信息源的质量、用户动机和信息源的可访问性则会影响到信息搜索阶段的行为。"② 作为一种目的驱动的行为活动，网络信息搜索行为适合用以解决信息问题为目的的模型来解释。Brand Gruwel 认为，任务定义、信息查询策略、定位和获取、信息使用、信息整合以及评估成功地描述了信息搜索过程，具有广泛的应用性。他还引入了思维控制的概念，指出："思维控制参与整个信息搜索过程，对具体行为有不同作用，且有四种不同功能：定位、检测和转向、评估。"③Pardi 等则研究了不同信息资源环境下，用户在信息搜索过程中知识结构的变化程度，发现记忆力和阅读理解能力对变化程度有正向影响。④ 可见，国外学者对网络信息搜索与利用的影响因素进行了深入研究，有助于在互联网时代更好地进行信息的搜索与利用。

一方面，国内学者对网络信息搜索与利用的风险进行了研究。李祎惟等采用结构方程模型的分析方法，从社会认知理论出发考察社交媒体环境中信息的质量对受众反应的作用过程，得出："信息质量可以通过影响用户的风险认知、风险知识水平和自我效能三个变量影响其风险信息搜索行为。"⑤ 从而证明了网络所构建的信息环境会显著作用于人们对于风险的认知和行为反应，因此要做好风险传播中的有效公众沟通以及线上风险信息管理。彭小青等指出网络疑难症是一种伴

① 杨倩 . 探索式搜索行为的先验知识分析与信息服务策略研究 [J]. 图书情报知识，2021（2）: 144–153.

② Choo C. W. Closing and Cognitive Gaps: How People Process Information [M]. London: Financial Times of London, 1993: 3, 22.

③ Brand Gruwel S, Wopereis I, Vermetten Y. Information Problem Solving by Experts and Novices: Analysis of A Complex Cognitive Skill [J]. Computers in Human Behavior, 2005, 21 (3):487–508.

④ Pardi G, Hoyer J V, Holtz P,et al.. The role of cognitive abilities and time spent on texts and videos in a multimodal searching as learning task[C] //Proceedings of the 2020 Conference on Human Information Interaction and Retrieval. New York: ACM Press, 2020: 378–382.

⑤ 李祎惟，郭羽 . 网络传播与认知风险：社交媒体环境下的风险信息搜索行为研究 [J]. 国际新闻界，2020（4）: 156–175.

随着信息时代的"新型风险","与健康焦虑、在线健康信息搜索密切相关，以反复过度在线搜索而引起健康焦虑升级为特征"[①]，并探讨了其测量工具与研究现状，以期进一步探明网络疑难症的发生发展机制。王茜等则对搜索算法进行评估，发现："由于人们容易被各种博眼球的错误信息所吸引并点击，网站会根据搜寻结果提供类似的信息资料，当人们搜索信息时就已经进行了信息过滤，助长了错误信息在网络中的传播。"[②]另一方面，国内学者也对如何更好地进行网络信息的搜索和利用进行了深入研究。李强等分析了网络空间物联网信息搜索相关研究工作，也提出了加强和改善网络空间信息搜索与利用的策略——"通过布置探测器，采取主动或被动的探测技术，结合探测策略，收集网络空间中的相关数据，基于物联网信息的指纹技术，识别网络空间中的物联网信息。"[③]赵一鸣等采用实验研究法，提取了用户移动端网络搜索系统使用及切换的完整路径，并在此基础上提出："移动端搜索系统（APP）可以尝试为用户提供多样化的搜索功能和体验，以减少用户的搜索系统切换；设计、开发面向任务的搜索界面或入口，尝试集成多种不同类型的移动搜索系统或 APP，为基于任务的搜索活动提供集成的搜索环境。"[④]

能够有效地利用互联网完成信息检索、使用，并使其成为自己的学习工具是我们认为的信息搜索和整合能力的理想水平。以下是本课题组关于这部分的调查题目：

- 上网搜索信息时，我知道哪些信息是我需要的（信息搜索与分辨）
- 我能区分原创信息和转载信息（信息搜索与分辨）
- 我能区分真实信息和虚假信息（信息搜索与分辨）
- 上网搜索信息时，我能确定需要搜索信息的关键词是什么（信息搜索与分辨）
- 我能选择合适的信息检索方法或途径来查找所需要的信息（信息搜索与分辨）
- 上网搜索信息时，我掌握扩大搜索范围的方法或途径（信息搜索与分辨）

① 彭小青，陈阳，欧阳威，辛梓睿，王辅之，罗爱静. 网络疑病症：信息时代下的"新兴风险"[J]. 中国临床心理学杂志，2020，28（2）：400-403.
② 王茜，希拉格·沙. 搜索引擎如何传播错误信息[J]. 青年记者，2021（7）：101-102.
③ 李强，李红等. 网络空间物联网信息搜索[J]. 信息安全学报，2018，3（5）：38-53.
④ 赵一鸣，李倩. 用户移动搜索系统使用路径的提取与评价研究[J]. 图书情报工作，2021，65（11）：89-100.

- 为熟悉某个话题，我会上网浏览大量信息（信息保存与利用）

- 我能够将搜索到的信息分门别类地进行保存（信息保存与利用）

- 我能通过网络搜索，解决现实中的某个问题或困难（信息保存与利用）

- 我能利用网络制作、加工或发布作品，如视频、图片、文章等（信息保存与利用）

三、网络信息分析与评价

网络信息的分析与评价是网络素养的重要组成部分，是网民面对纷繁复杂的信息海洋，获取符合自己需求的信息的必备能力。网络素养的概念最初由 Charles R. McClure 在 1994 年提出，并概括出知识和技能两个层面的内容，而网络信息的分析与评价正是技能的范畴[①]。2002 年，卜卫在《媒介教育与网络素养教育》中将网络素养的内涵更清晰化了，他提出网络素养的成分包括能够从信息网络中识别、获取和有效使用电子信息的能力；还包括信息判断能力，即对信息质量进行评估，过滤不相关的信息，对信息有辨别、批判和免疫的能力[②]。从此，对网络信息的分析和评价成为网络素养研究的重要课题。2012 年，Lee Sook-Jung 和 Chae Young-Gil 在一项针对儿童的网络素养调查中认为网络素养是访问、分析、评估并创建在线内容的能力，使得加强未成年人的网络素养问题受到学界重视，并成为网络素养教育的重要组成部分[③]。同年，李宝敏将儿童网络素养研究放在儿童与网络世界互动过程中的多个维度下进行观照，将其分为"知、能、意、行"四个维度并进行了测量[④]。

如何进行网络信息的分析与评价，国内外学者均在进行不懈的努力。2013 年 11 月，联合国教科文组织发布了"全球媒体和信息素养评估框架"。该框架从国家、社会、个人层面上测量媒介素养水平。个人层面的测量分为媒介接触、媒介评价和参与创造三个维度，并从能力的角度对每个维度进行进一步的细分。媒介

---

① McClure C. R.. Network Literacy: A Role For Libraries?[J].Information Technology and Libraries，1994,13(2):115-125.

② 卜卫. 媒介教育与网络素养教育 [J]. 家庭教育，2002（4）：16-17.

③ Lee S,Chae Y. Balancing Participation and Risks in Children's Internet Use: The Role of Internet Literacy and Parental Mediation [J]. Cyberpsychology,Behavior and Social Networking,2012,15(5):257-262.

④ 李宝敏. 儿童网络素养研究 [D]. 华东师范大学，2012.

评价维度包含四种能力：对信息和媒体的理解、评估、评价和组织。①2018 年，联合国教科文组织发布了"全球网络素养技能参考框架 4.4.2"，在此框架中，网络素养包含了信息素养、媒介素养等其他素养，指安全、恰当地定义、获取、管理、整合、传播、评估和创建信息的能力。② 而国内网络素养教育和服务相对比较滞后，政府引导有待加强。2013 年，教育部发布《关于在教育系统深入学习贯彻全国宣传思想工作会议精神的通知》，才首次在中央政府文件中提及网络素养，强调"广泛开展师生网络素养教育，将文明用网作为师德建设重要内容"③。自 2016 年开始，陆续出台一系列指导意见、发展规划与实施纲要为地方政府与教育部门开展"网络素养"相关教育与活动提供依据。2021 年 11 月，中央网络安全和信息化委员会印发《提升全民网络素养与技能行动纲要》，提出要构建终身数字学习体系④，但陈志娟指出"中小学校的网络素养教育与网络新媒体的发展实践普遍存在脱节、滞后情况"⑤，网络素养的教育体系和内容资源建设还处于分散且零碎的状态。

如何提高人们网络信息分析与评价能力，促进网络素养的提升，已成为国内外学者研究的重要课题。日本学者 YES 等在 2018 年所做的研究采用了包含操作能力、社交技能和批判思维三个维度的网络素养评价框架，建立了网络使用、网络素养和社交技能的闭环模型，得出网络的使用能够加强网络信息的评价能力，促进网络素养的提高⑥。同年，Gul 等针对家庭环境对青少年网络素养的影响做了研究，认为父母的网络使用特性与习惯和父母对青少年网络使用的态度等来自家庭环境的因素都会直接影响青少年的网络素养，影响青少年对网络信息的分析和

① UNESCO. Global Media and Information Literacy Assessment Framework: Country Readiness and Competencies[EB/OL].(2013-12-11)[2016-09-07].http://www.unesco.org/new/en/communication-and-information/resources/publications-and-communication-materials/publications/full-list/global-media-and-information-literacy-assessment-framework/.

② Nancy Law,David Woo,Jimmy de la Torre,et al.. A global framework of reference on digital literacy skills for indicator 4. 4. 2[R].UNESCO Institute for Statistics,2018.

③ 中共教育部党组 .关于在教育系统深入学习贯彻全国宣传思想工作会议精神的通知 [EB/OL]. [2021-1-22].http://www.moe.gov.cn/srcsite /A12/s7060/201309 /t20130904_157390.Html.

④ 孙亚慧 .上好 "网络素养" 这堂课 [N]. 人民日报海外版，2021-12-08（008）.

⑤ 陈志娟 .提升未成年人网络素养 [N]. 中国社会科学报，2022-01-06（003）.

⑥ YES. Causal Relationships between Media/ Social Media Use and Internet Literacy among College Students: Ad-dressing the Effects of Social Skills and Gender Differences[J]. Educational technology research,2018,40(1):61-70.

评价能力，因此要给青少年营造良好的家庭环境，特别是家庭信息环境^①。

2018年10月，华中师范大学和腾讯公司联合成立了"网络素养与行为研究中心"，探索了新时代中国儿童青少年网络素养的内涵及评价标准，提出了网络素养评价指标体系与测评工具，指出要从个人、学校、家庭、社会等方面提升青少年网络素养[②]。2021年，田丽等采用问卷调查法研究了学校因素对未成年人网络素养的影响，发现"推行网络教育课程是提升未成年人网络素养的最好方式；教师是影响未成年人网络素养关键的因素；群体对未成年人网络素养的培育起着潜移默化、不可忽视的作用"[③]。目前，国内学者的相关研究主要集中在以下四个方面——"确立'赋权''赋能''赋义'是未成年人网络素养教育的核心理念""家长需要承担起网络素养教育的第一责任""学校要发挥网络素养教育的主阵地作用""要创建有利于未成年人网络素养培养的社会环境"[④]此外，李宝敏等指出，网络素养教育应当超越"保护主义"、超越"灌输"、走出技术化倾向，要让中小学生"理性地认识网络世界、认识自我，进而改善并发展网络认知与网络行为"[⑤]，唤起人们的主体精神是提升网络信息分析与评价能力的核心。

本课题确定考量"网络信息分析与评价"的问题量表如下：

- 我喜欢在看新闻时，了解新闻发生的背景（对信息的辨析和批判）
- 当怀疑网上信息是否真实时，我经常搜集信息以证明真伪（对信息的辨析和批判）
- 我会针对同一主题的信息，搜索不同媒体的报道（对信息的辨析和批判）
- 我反感网上的虚假新闻和不实消息（对信息的辨析和批判）
- 我会怀疑网络广告的真实性（对信息的辨析和批判）
- 能在转发朋友圈信息时，先甄别其是否是谣言（对信息的辨析和批判）

---

① Gul H,Yurumez Solmaz E,Gul A,et al.. Facebook Overuse and Addiction among Turkish Adolescents: Are ADHD and AD-HD-Related Problems Risk Factors? [J]. Psychiatry and Clinical Psychopharmacology, 2018,28(1): 80–90.

② 王伟军，王玮等. 网络时代的核心素养：从信息素养到网络素养 [J]. 图书与情报，2020（4）：45–55.

③ 田丽，张华麟，李哲哲. 学校因素对未成年人网络素养的影响研究 [J]. 信息资源管理学报，2021，11（4）：121–132.

④ 方增泉. 加强网络素养教育 织密网络保护安全网——《2020年全国未成年人互联网使用情况研究报告》专家解读之四 [N]. 中国青年报，2021–08–17（2）.

⑤ 李宝敏，余青. 杜威的技术探究理论对中小学生网络素养教育的启示 [J]. 上海教育科研，2021（10）：60–66.

● 网上媒体的负面信息，让我觉得整个世界很不安全（对网络的主动认知和行动）

● 我认为网上的大部分报道是可信的（对网络的主动认知和行动）

● 我认为名人在网上和现实中的言行一致（对网络的主动认知和行动）

● 我会对影视剧或短视频里的某个角色恨之入骨，甚至忘了是由演员扮演的（对网络的主动认知和行动）

四、网络印象管理

印象管理的理论基础最早可以追溯到源于美国实用主义的符号互动理论。符号互动理论认为，人们在社会交往中的"角色扮演"是根据他人（社会）的期待来限定的，需要通过推断他人对各种行为的反应来选择自己的行动，最终目的在于形成或改变他人对自己的看法。一般来说，学界公认的印象管理相关研究源起于美国社会学家戈夫曼，他在《日常生活中的自我呈现》一书中提出每个人都或有意或无意地使用某些技巧来控制自己给他人的印象，希望在有其他人存在的舞台上展现自己最为光彩优秀的一面，同时也指出自我呈现对于确定个人在社会秩序中的位置、确定互动的基调和方向以及促进角色控制行为表现的重要性，这一理论被称为"拟剧论"或"印象管理"[①]。

国外对印象管理理论的初期研究主要集中在印象管理的定义概念上，学者根据自己的研究，提出个人对印象管理的理解，在印象管理指采取策略、行动来塑造维系个人理想形象，尽量不展示个人形象中的不足方面达成共识。Baumeister认为，印象管理是指个体通过具体的行为向外界传达个人信息，印象管理动机主要包括两个，一个是取悦大众，另外一个是建立、维持或完善个体在他人心目中的理想形象[②]。Yao, M. Z., & Flanagin, A. J. 自我意识理论认为，在一定时刻，个人的注意力要么向外指向外部的环境如任务、他人、社会情境，要么向内指向自我的不同方面。当个人将自己视为社会客体时，公共的自我意识会产生，公共自我意识高的人倾向于关心他们的公众形象和印象管理。[③]

---

① 欧文·戈夫曼.日常生活中的自我呈现[M].黄爱华，冯钢，译.杭州：浙江人民出版社，1989.

② Baumeister, Roy F . A self-presentational view of social phenomena[J]. Psychological Bulletin, 1982, 91(1):3-26.

③ Yao, M. Z., & Flanagin, A. J. A self-awareness approach to computer-mediated communication[J]. Computers in Human Behavior, 2006,22(3): 518-525.

　　国内对于印象管理概念的研究更多从过程和目的出发，不同的学者根据个人研究，提出了自己对印象管理的认知，对印象管理给出了更为细致明确的界定。有学者认为，印象管理主要是指个体通过一定的方式和策略，比如有意识地选择言辞、表情、动作等，来影响他人对自己印象的形成，目的在于美化自己，不给他人留下不好的印象[①②]。同时强调印象管理中的社会互动及人际交往，个体并不是被动地对外界环境作出反应，而是根据交往对象的特质和不同，有意识地选择个体呈现方式，使得个人的呈现方式能与他人保持一致，借此尽量给他人留下良好印象[③]。印象管理较为公认的定义可总结为：个体为给他人留下良好印象，有意识有选择地采取主动行为，来塑造、维持、完善个体在他人心目中的理想形象。也有学者认为，印象管理研究不仅是一个理论，更是一个元理论框架，在这个框架内，人们可以对人类社会行为的原因和后果的问题进行阐述并且寻求答案[④]。

　　印象管理理论的研究在探讨定义概念外，学者也开始关注、研究印象管理的策略和动机，采取观察、问卷等不同方式进行测量。在网络普及前，这一领域的研究集中于现实生活中的印象管理。在印象管理策略研究中，Tetlock 等提出了防御性（defensive）印象管理和肯定性（assertive）印象管理两种方式，防御性印象管理是为了保护个人既定的社会形象，肯定性印象管理是为了改善个人的社会形象[⑤]。在印象管理的施行动机上，Leary 和 Kowalski 在他们的研究中描述了 Rosenberg 在 1979 年提出的三种印象管理动机：（1）在社会交往中获取回报，包括社会关系维系和物质回报等；（2）增强个人自尊，主要通过展示自我形象获取称赞和肯定等方式来提升；（3）塑造个人理想身份。[⑥]Leary 和 Kowalski 还在研究中提出印象管理的双成分模型，两位学者在研究中将印象管理概念化为两个独立的过程：第一个过程涉及印象动机，第二个过程主要指印象建构，即如何"改

---

①　房玲.印象管理综述 [J]. 社会心理科学，2005（3）：114-117.

②　刘娟娟.印象管理及其相关研究述评 [J]. 心理科学进展，2006（2）：309-314.

③　陈思清.《高中生自我呈现量表》的编制及其与自我分化、社会支持之间的关系 [D]. 河北师范大学，2018.

④　Tetlock P E, Manstead A S. Impression management versus intrapsychic explanations in social psychology: A useful dichotomy?[J]. Psychological Review, 1985, 92(1):59-77.

⑤　Tetlock P E, Manstead A S. Impression management versus intrapsychic explanations in social psychology: A useful dichotomy?[J]. Psychological Review, 1985, 92(1):59-77.

⑥　Leary, M. R., Kowalski, R. M. Impression management: A literature review and two-component model[J]. Psychological Bulletin, 1990, 107: 34-47.

变自己的行为以影响他人对自己的印象"①。这也成为目前国内外学者研究、进行印象管理测量的基础。在印象管理测量的相关方面，M.Snyder 提出自我监控量表（Self-Monitoring Scale），考察个体对于社会线索的留意和回应程度②；Paulhus 运用社会称许行为均衡量表（BIDR）测量印象管理中的印象管理与自我欺骗增强，即个体对自身和他人的欺骗。

目前，国内对印象管理的研究主要集中在对某些群体的使用策略、动机、相关测量量表的编制，以及个体印象管理与其幸福感、自尊、自我监控之间的关系等方面。肖崇好结合自我监控相关研究理论，将印象管理过程划分为五部分：印象管理动机、印象构建、自我呈现行为、印象评估及反馈调节和印象监控。③朱蓉研究总结大学生日常常用的印象管理策略，包括自我抬高、讨好、威慑、恳求、合理化理由、自我设障、道歉、事先申明以及非言语型印象管理九个方面，并编制测量问卷，将理论模型归纳为迎奉讨好、非言语行为、自我展现、示弱恳求、解释道歉、合理化理由六个维度④。

（一）网络印象管理

社交网络的兴盛使得人们的印象管理行为由"线下"转为"线上"。良好的印象管理能够强化管理者在别人心中的印象，以达到建立关系的需求。随着网络普及，关注现实生活的印象管理研究也开始着眼于虚拟网络空间中的个人印象管理及印象管理策略。在线下面对面的交流中，面部表情、手势等身体语言，言谈举止、外界环境等都会限制个体的印象管理。而移动互联网的出现则为个体社交提供舞台，网络社交（CMC，Computer Mediated Communication）与面对面的交流在形式和功能上有很大的不同。Walther 指出，身体特征，比如一个人的外貌和声音，提供了人们第一印象所依据的大部分信息，而这些特征在 CMC 中通常是不存在的，但 CMC 用户可以有选择地呈现自我，由于网络的异步性，用户在发布个人内容时，可以进行编辑、更改，以及删除已发布的内容，在网络空间，个体以一种受控制的和社会期待的方式展现自我的态度和个人相关信息，从而管理个

---

① Leary, M. R., Kowalski, R. M. Impression management: A literature review and two-component model[J]. Psychological Bulletin, 1990, 107: 34–47.

② Snyder M. Self-Monitoring of Expressive Behavior[J]. Journal of Personality and Social Psychology, 1974, 30(4):526–537.

③ 肖崇好，张义泉，舒晓丽. 印象管理模型的建构 [J]. 惠州学院学报，2011，31（2）：31-34.

④ 朱蓉. 大学生印象管理策略量表的编制及应用研究 [D]. 电子科技大学，2010.

人的网络形象①。当人们在网上创造和扮演自己所选择的角色时，这个面具就成为人们人格的一部分，在开放而动态的场景下人能大胆表现自我，实现人的行为与"自我认同"的统一与协调。

面对线上线下不同的交流环境，学者也对个体在现实生活和网络空间中的印象管理策略进行对比，然而，尽管互联网常常被视为一个个人再创造的空间，摆脱了线下互动和身份规范的约束，但研究发现，这些规范延续到线上环境中，并塑造了自我呈现②。当下的社交网络多基于线下真实的人际关系而发展，线上线下的人际关系联系密切，江爱栋认为目前的网络平台多为"通过熟人认识熟人"，个体在网络空间的自我呈现也更为真实，所采取的印象管理策略也与现实交往中的印象管理策略越来越接近③。线上的印象管理策略也多由线下策略发展而来，不过在策略使用偏好上有所差异。Pittman 研究总结了人们在现实生活中印象管理的五种策略，分别是迎合讨好、威逼强迫、自我宣传、榜样示范和示弱求助④，基于此，Dominick 对线上个人主页进行研究时发现，讨好逢迎、示弱求助和自我能力提升三种策略在线上的印象管理策略中比较常用⑤。董洪杰发现即时通信用户的印象管理主要是受个人内变量尤其是自我概念的影响。⑥邬心云指出，在网络互动过程中，每个人都会用各种方式有意无意地表演，从而维持、加强或改变他人对自己的印象。⑦

社交媒体平台是用户在网络空间展示自我、进行个人印象管理的重要场域。在网络社交媒体平台中，用户可以发布文本、图片、音乐、分享链接等，并在这个过程中努力以自己感觉良好的方式展示自己和维持社会关系，对被别人看到和

---

①　Walther J B. Selective self-presentation in computer-mediated communication: Hyperpersonal dimensions of technology, language, and cognition[J]. Computers in Human Behavior, 2007,23(5):2538-2557.

②　Kapidzic S, Herring S C. Gender, Communication, and Self-Presentation in Teen Chatrooms Revisited: Have Patterns Changed?[J]. Journal of Computer Mediated Communication, 2011, 17(1):39-59.

③　江爱栋. 社交网络中的自我呈现及其策略的影响因素 [D]. 南京大学，2013.

④　Jones, E.E., Pittman, T.S. and Jones, E.E. Toward a General Theory of Strategic Self-Presentation[J]. Suls, J., Ed., Psychological Perspectives on the Self, 1982,1(1): 231-262.

⑤　Dominick, J. R. Who Do You Think You Are? Personal Home Pages and Self-Presentation on the World Wide Web[J]. Journalism & Mass Communication Quarterly, 1999, 76(4):646-658.

⑥　董洪杰. 网络即时通讯中的印象管理和印象形成———基于腾讯 QQ 用户的研究 [D]. 曲埠师范大学，2012.

⑦　邬心云. 博客传播中的自我呈现 [J]. 传媒观察，2013，6：008.

评判的可能性做出反应[①]。Kim & Lee 在研究脸书（Facebook）平台上自我呈现的策略与主观幸福感之间的关系时，将用户在 Facebook 平台上自我呈现的策略分为两种，一种是积极的自我呈现，另外一种是真实的自我呈现，积极的自我呈现是指个体将自己好的一面呈现在社交平台上，在他人面前塑造良好形象，真实的自我呈现是指个体并非有选择性地只展现好的方面，而是坦诚地进行自我表露[②]。

随着网络的普及应用，网络平台所特有的异步性及缺少面对面交流的身体线索，也为用户的网络印象塑造和维系提供新的舞台。用户在网络平台的印象管理特点、形式和策略也成为学者研究的重要方向。鉴于目前网络生活与现实生活的交叠程度不断加深，在网络空间呈现真实自我、塑造符合真实世界中社会角色的要求和规范的形象成为常态，而在印象管理策略的使用上，个体更偏好主动积极的管理策略。许佳欣在研究中发现，个体在网络环境下的行为会受到线下，如个人性格和社会准则的影响，社交媒体上的活动也会受到很多的隐性限制，原本基于某些特定情境的线上印象管理也会因场景消解和观众的多元化受到影响。[③]辛文娟等研究大学生在使用微信朋友圈进行印象管理时，发现多数被访者更倾向于在微信朋友圈中发布比较积极、健康、向上的内容，从而进行自我形象管理，大学生们使用防御性印象管理策略来尽可能地弱化自身的不足，以避免给他人留下消极的印象。[④]叶卉发现印象管理成为 90 后大学生在社交网络平台上的重要目标之一，他们渴望塑造出特定的形象，以符合周围人对他们的某种期待，即使这种塑造出来的形象与本人并不完全相符，大学生也会刻意"装扮"。[⑤]

（二）青少年群体的网络印象管理及影响因素

在个人网络形象的塑造维系过程中，不同群体间也有各自的特点，Papacharissi 总结出那些与性别、种族和阶级有关的社会角色，以及涉及职业、家庭和社交

① Marwick A. The Public Domain: Surveillance in Everyday Life[J]. Surveillance & Society, 2012, 9(4):378–393.

② Kim J, Lee J E R. The Facebook Paths to Happiness: Effects of the Number of Facebook Friends and Self-Presentation on Subjective Well-Being[J]. Cyberpsychology, Behavior, and Social Networking, 2011, 14(6):359–364.

③ 许佳欣. 新媒体语境下人们的线上印象管理 [J]. 新闻研究导刊，2018，9（10）：71+73.

④ 辛文娟，赖涵，陈晓丽. 大学生社交网络中印象管理的动机和策略——以微信朋友圈为例 [J]. 情报杂志，2016，35（3）：190–194.

⑤ 叶卉. 控与被控——90 后大学生在社交网络上的自我呈现对高校思想政治教育的启示 [J]. 社会科学论坛，2018（5）：231–239.

圈的社会角色，都是通过重复的行为表现出来的[1]。部分学者将目光对准青少年群体的网络印象管理研究。青春期是青少年身份认同形成和确认的关键时期[2]，在这一生理心理发育阶段，青少年开始更关注自己的心理层面，并更加关注自身积极和消极的性格特征，因此，他们的自我形象变得越来越不同、越来越复杂[3]。当网络上的他人，也就是"观众"处于匿名、虚体化的状态下，对于那些自我认知尚不成熟的青少年来说，他人或"观众"成为构建自我的一面独特的镜子，青少年在网络上的自我呈现是构建自我过程中不可或缺的一部分，因此，网络世界中的"亲密陌生人"和"匿名朋友"在青少年自我构建中承担着重要角色[4]。青少年了解到其他人对自我有不同的印象，并且可以通过自我表现的方式影响别人对他们的看法，当青少年关心他们给同龄人留下的印象以及他们感觉被同龄人接受的程度时，他们会仔细考虑在社会交往中所要做或不做的事情。基于此，青少年会更自觉地进行印象管理[5]。有学者对青少年在网络平台发布的内容进行分析，Elizabeth Mazur 与 Lauri Kozarian 认为博客为用户提供了一个通过写作和管理个人信息来控制自己公众形象的绝佳机会，并对 15—19 岁青少年的博客内容进行分析，发现其发布的内容大多为自己的日常生活、朋友和恋爱关系，常常发布自己的照片等，好友数量很多但大多数内容下面并没有评论或评论很少，并提出青少年发布博客并不是为与他人直接互动，而是谨慎地呈现自我，大多数采取迎合的策略和乐观的方式向他人展示自己[6]。

国内学者主要针对青少年群体具体的印象管理策略及其与幸福感、羞怯等的关系进行研究。晏碧华依据印象管理的两维模型来测量青少年印象管理倾向，认

---

① Papacharissi Z. Without you, I'm nothing: performances of the self on Twitter[J]. International Journal of Communication, 2012, 6(1).

② Steinberg, L. Adolescence: Puberty, cognitive transition, emotional transition, social transition[EB/OL]. (2014)[2020–02–10]. https://psychology.jrank.org/pages/14/Adolescence.html.

③ Steinberg L, Morris A S. Adolescent Development[J]. Journal of Cognitive Education and Psychology, 2001, 2(1):55–87.

④ Zhao S. The Digital Self: Through the Looking Glass of Telecopresent Others[J]. Symbolic Interaction, 2005, 28(3):387–405.

⑤ Gaëlle, Ouvrein, Karen V. Sharenting: Parental adoration or public humiliation? A focus group study on adolescents' experiences with sharenting against the background of their own impression management[J]. Children and Youth Services Review, 2019, 99(2).

⑥ Elizabeth, M, Lauri, K. Self–presentation and interaction in blogs of adolescents and young emerging adults[J]. Journal of Adolescent Research, 2010, 25(1):124–144.

为青少年的印象管理存在人际倾向和自我倾向两个方面，自我倾向即主动呈现自我特点，相信自己是能动的，人际倾向则表现为社会适应和环境顺应，行为表现对人际关系互动有利，研究结果发现青少年印象管理中自我倾向和人际倾向两个维度呈现分离态势[①]。黄含韵在探究我国青少年的社交媒体沉迷及网络印象管理情况时给出了具体的分类，将青少年常用的网络印象管理策略分为四类，分别是迎合、伤害控制、操控和自我宣传[②]。鲍娜考察了社交网站中的自我呈现与自尊的关系。马瑶则对中学生网络平台自我呈现方式对其主观幸福感的影响进行研究，结果表明中学生积极的社交网络自我呈现方式与主观幸福感呈显著负相关，而真实的社交网络自我呈现方式则与其主观幸福感呈现显著正相关[③]。刘寅伯则对初中生的羞怯与印象管理的关系进行研究，发现初中生羞怯水平越高，印象管理水平越低；反之，羞怯水平越低，印象管理水平越高[④]。

　　黄含韵在探究我国青少年的社交媒体沉迷及网络印象管理情况时给出了具体的分类，将青少年常用的网络印象管理策略分为四类，分别是迎合、伤害控制、操控和自我宣传[⑤]，并得出社交媒体沉迷者擅长利用社交媒体操控其自我形象的结论。蒋俊男用马斯洛的需求层次理论来研究青少年在社交网络中印象管理的动机，发现处于社会化关键期的青少年，所面临的是获得自我实现、自我认同与社会归属感。[⑥] 本课题组把青少年的网络印象管理作为媒介素养测量的一个重要维度。由于印象管理的本质就在于社会交往和互动，而社交也是青少年上网行为的一个主要方面，所以在对青少年印象管理的测量中主要采用黄含韵所使用的量表。其量表是修改后的自我呈现策略量表，适用于测量中国青少年在社交媒体上的印象管理策略和能力，并且具有一定的科学性和实践基础。以下是本课题组关于这部分的调查题目：

- 我在网络上夸赞朋友们的言论或经历，让他们觉得我很友好（迎合他人）
- 我希望通过和朋友在网络上的互动促进我们在现实中的关系（社交互动）

① 晏碧华.青少年印象管理的外显与内隐加工模式研究 [D].陕西师范大学，2008.

② 黄含韵.中国青少年社交媒体使用与沉迷现状：亲和动机、印象管理与社会资本 [J].新闻与传播研究，2015，22（10）：28-49+126-127.

③ 马瑶.中学生社交网络自我呈现与主观幸福感的关系研究 [D].重庆师范大学，2018.

④ 刘寅伯.初中生羞怯与印象管理、同伴关系的关系研究 [D].山东师范大学，2012.

⑤ 黄含韵.中国青少年社交媒体使用与沉迷现状：亲和动机、印象管理与社会资本 [J].新闻与传播研究，2015，22（10）：28-49+126-127.

⑥ 蒋俊男.社交网络中青少年的印象管理行为 [J].青年记者，2014（18）：73-74.

- 我在发送微信信息后希望对方能够"秒回"（社交互动）

- 如果我伤害了朋友，我会在网上跟他道歉（社交互动）

- 我在网上与朋友分享我所获得的好成绩或奖励（社交互动）

- 我会通过微信头像、昵称和背景来打造人设（自我宣传）

- 我希望朋友为我发的内容点赞、评论或者转发（自我宣传）

- 我在网络上和朋友分享自己的生活（旅行、美食等）经历（自我宣传）

- 我发朋友圈/QQ空间时会分组（自我宣传）

- 我在社交媒体上发布消息时会提前美化图片（自我宣传）

五、网络安全与隐私保护

网络安全，通常指计算机通信网络安全，或网络信息安全。网络安全是一个相对宽泛的概念，在宏观、中观与微观层面各有其指涉，包含网络信息安全、网络系统安全、网络文化安全、网络环境安全与网络使用安全等多个维度，一般具备保密性、完整性、可用性、可控性和不可抵赖性等安全的特点。

在国家层面，2014年两会期间，网络安全被正式列入政府工作报告，维护网络安全是关乎国家安全和发展的重大战略问题。2020年10月，党的十九届五中全会通过的《中共中央关于制定国民经济和社会发展第十四个五年规划和二〇三五年远景目标的建议》中提出，要"全面加强网络安全保障体系和能力建设"。2020年11月，习近平主席向世界互联网大会·互联网发展论坛致贺信指出："打造网络安全新格局，构建网络空间命运共同体，携手创造人类更加美好的未来。"在企业层面，信息网络安全主要指信息网络系统的安全策略、安全功能以及系统安全开发、管理、检测、维护以及安全测评等方面的一个综合体，具有完整性、可靠性、机密性、可控性、可用性五个基本特征[1]。在个人层面，计算机网络安全是指在一个网络环境中，计算机网络信息传输及保存的保密性、完整性，信源可信性及对信息发送者的监督性（信息发送者对发送过的信息或完成的某种操作是承认的）[2]。彭永峥认为，网络安全所涉及的不应仅是软、硬件的可用性和系统的完整性这些技术方面的内容，还应该包括个人在利用网络这一工具的过程中，用户的一切权益都受到保护不被威胁和伤害，强调个人在利用网络的过程中因为个

---

[1]　王东.企业网络安全方案的设计与实现的研究[D].天津大学，2014.

[2]　王国才，施荣华.计算机通信网络安全[M].北京：中国铁道出版社，2016.

人行为带来的网络风险，以及对相应的网络风险的认知和判断能力[1]。张靖从网络信息安全角度出发，认为信息安全与网络安全的定义界限逐渐模糊起来，而"网络信息安全"的提法在学界越来越多，从某种程度上讲，"网络信息安全"就是信息安全[2]。

国内外的相关研究普遍认为，网络安全认知对于个人网络安全保护与风险防范意义重大。Ryan W 研究发现，防范网络安全风险的关键因素是用户行为而不是科技，如果用户倾向于使用较差的安全参数配置、选择忽略警告信息、网络行为故意违反信息安全政策，那么安全界面的设计无论对用户多么友好都是无用的，用户的行为取决于用户的相关认知和判断[3]。Mohd Jasmy Abd Rahman 和 Mohd Isa Hamzah 等通过访谈的方式调查了 30 位受访者关于网络安全的感知，发现大多数受访者（40% 左右）对网络安全有较强认知，并且表示需要安全的网络空间，也担心网络安全风险对自身的伤害[4]。在影响因素与内容上，Kevin F McCrohan 和 Kathryn Engel 等认为通过网络威胁教育和意识干预的方式对公民进行培训，有利于提高公民在网络空间中的安全感[5]。R Deepalakshmi 通过采访不同类型的大学生以评估社交网络对安全的影响，对社交网络的使用主要源于信息共享，信息共享会影响学生对网络安全的认知[6]。

（一）青少年网络安全

对于青少年这一群体而言，他们出生于网络时代，数字媒体的生活方式已融入他们的日常生活中。杨代勇认为，由于未成年人缺乏辨认能力和控制能力，在网络使用中易受到个人隐私泄露、网络隔空猥亵、网络游戏沉迷和网络诈骗等网络安全风险的影响。[7] 因此，网络安全这一内容，也更多地被纳入青少年网络素养以及安全教育规范之中。

2000 年，美国大学与研究图书馆协会发布的高等教育信息素养能力标准的第

① 彭永峥 . 国内大学生网络安全认知现状与提升 [D]. 郑州大学，2019.

② 张靖 . 网络信息安全技术 [M]. 北京：北京理工大学出版社，2020.

③ Ryan W. The Psychology of Security [J]. Communications of the ACM, 2008(4): 34–40.

④ Mohd Jasmy Abd Rahman, Mohd Isa Hamzah, Mohd Hanafi Mohd Yasin, et al.. The UKM Students Perception towards Cyber Security[J]. Creative Education,2019(10):2850–2858.

⑤ Kevin F. McCrohan, Kathryn Engel, James W. Harvey,et al. Influence of Awareness and Training on Cyber Security [J]. Journal of Internet Commerce,2010(6): 23–41.

⑥ R Deepalakshmi. Usage of social networks sites and level of awareness in cyber security: A study of college students [J]. ZENITH International Journal of Multidisciplinary Research,2019(2).

⑦ 杨代勇 . 未成年人网络安全风险的治理路径 [J]. 山东青年政治学院学报，2022，38（1）：73–79.

五条，便主要涉及学生是否具备基本的信息安全知识结构，是否熟悉和信息使用相关的经济、法律和社会问题，能否合理合法地获取信息。《中小学公共安全教育指导纲要》指出，初中生的网络安全教育要以"自觉遵守与信息活动相关的各种法律法规，抵制网络上各种不良信息的诱惑，提高自我保护和预防违法犯罪的意识。合理利用网络，学会判断和有效拒绝的技能，避免迷恋网络带来的危害"为主要内容。谢英香根据青少年互联网使用偏好情况及腾讯多次发布的《电信网络诈骗研究报告》对内容风险、联系风险、商业风险三种青少年面临的网络安全风险进行了阐述分析，她强调青少年遭遇网络安全问题的比例在持续走高，虽然"数字化一代"青少年信息技术技能娴熟，却普遍缺少网络安全意识，并提出了要增强青少年网络安全意识、强化网络防护技能、拓展网络安全教育形式等策略。[①]

（二）安全感知及隐私关注

青少年在使用媒介的过程中会面临诸多的风险，作为数字原住民，青少年擅长在网络中接触和寻找各种信息，但是在避开网络风险方面能力不足。当下，由于网络环境的复杂性与信息技术的飞速发展，青少年所面临的网络安全风险也在不断变化。田言笑、施青松认为，在大数据时代，网络安全风险主要包括网络系统漏洞风险、信息内容风险、人为操作风险、网络黑客攻击风险、网络病毒感染风险与网络管理风险[②]。旷晖结合 5G 通信时代特点，将计算机网络信息安全风险划分为通信安全风险、数据安全风险、隐私安全风险与终端安全风险四部分[③]。《2020 年全国未成年人互联网使用情况研究报告》指出，青少年面临的网络安全问题主要包括账号密码被盗、电脑或手机中病毒、网上诈骗、个人信息泄露等。《2021 年全国网民网络安全感满意度调查总报告》反映，2021 年网民对侵犯个人信息、违法有害信息、网络诈骗更关注，且认为目前数据安全保护方面存在的主要问题较多。由于复杂的网络环境与数据风险，个人信息面临可能被收集、使用、买卖的风险，这会造成个人财产利益和精神利益损失，隐私安全已经成为公众网民面临的重要网络安全问题。

学者刘毅在对网络舆情的研究中从权利的角度对网络隐私的概念进行了阐

---

① 谢英香 . 青少年网络安全教育困境与对策研究 [J]. 上海教育科研，2020（7）：93-96.

② 田言笑，施青松 . 试谈大数据时代的计算机网络安全及防范措施 [J]. 电脑编程技巧与维护，2016（10）：90，91.

③ 旷晖 . 5G 通信时代计算机网络信息安全问题探究 [J]. 电脑与电信，2020（8）：34.

释，他认为网络隐私是公民在网络空间内享有的一种人格权，它包含公民信息"不被他人非法侵犯、窥探、搜集、复制、公开和利用"，依法保障公民私人信息和私人生活安宁，包括不被在网络空间中泄露和传播相关的敏感信息[①]。并非个体在网络空间内产生的所有信息均属于隐私范畴。网络隐私首先以依法保障个体现实空间和网络空间内私人信息及私人生活安宁为基础，以非公共、非主动自愿、非危害为前提，即个人没有主动公开，且不危害个人及公共空间的各项事宜均属于隐私范畴。

Smith H.J. 提出"信息隐私关注"的概念，即用户因可能丢失隐私信息而产生的内在担忧情绪。当下西方学者普遍认为隐私关注是用户基于个人性格特征、以往的经验等形成的隐私认知，且是用户对于个人隐私威胁的一种相对稳定的心理倾向。互联网上半场的到来拓展了在线购物及在线社交的渠道，随后隐私关注被广泛应用到电商及社交媒体情境之中。Hanus 将用户的隐私关注概括为用户对于身处情境中其隐私状态的主观感受，具体是对违法状态下的收集、监测、输送、存储等方面的感知[②]。总结来讲，隐私关注通常表示用户对于隐私信息披露的潜在风险的主观态度和观点。

国内隐私关注研究起步较晚，多建立在国外研究的基础之上，就特定情境针对隐私关注概念存在不同的看法。朱侯认为，社交媒体用户的隐私关注本质上是一种主观情绪感受，在线上场景中，用户对于平台的在线监测，隐私全链条的搜集、获取、传输、存储等非适度操作的看法与关注[③]。杨嫚等研究了用户对于精准广告的隐私关注现状，发现不同年龄、学历的用户隐私关注水平不同，其中 19岁以下和专科及以下学历的用户对隐私关注水平偏低。[④]

（三）安全行为及隐私保护

Wirtz 在对消费者网络隐私关注的影响因素的探究中，将隐私保护分为保护、抑制、伪造三种方式。保护，是指设置密码、提前阅读网站隐私协议等用户的主动防御行为；抑制，是指拒绝提供个人信息及停止使用等被动保护行为；伪造，

[①] 刘毅：网络舆情研究概论 [M]. 天津：天津人民出版社，2006.

[②] Hanus B, Wu Y. Impact of Users' Security Awareness on Desktop Security Behavior: A Protection Motivation Theory Perspective[J]. Information Systems Management, 2016,33(1): 2–16.

[③] 朱侯，张明鑫 . 移动 APP 用户隐私信息设置行为影响因素及其组态效应研究 [J]. 情报科学，2021, 39（7）：54–62.

[④] 杨嫚，温秀妍 . 隐私保护意愿的中介效应：隐私关注、隐私保护自我效能感与精准广告回避 [J]. 新闻界，2020（7）：41–52.

是指提供虚假或不完整信息来隐藏真实身份的行为。三者中，抑制及伪造被视为消极的隐私保护方式，长此以往将不利于媒介环境的健康发展[①]。Kim 对用户感知到公司信息实践将导致隐私信息威胁后产生的行为反应（IPPR）进行探究，将IPPR 首先概括为三类——信息提供、私人行动和公共行动，即当用户发现个人信息存在隐私泄露威胁时，会从信息提供、自行行动、求助公共三方面采取行动[②]。

在对隐私保护行为影响因素的探究中，Chen H 发现过往隐私经历、感知下政府部门的监管以及媒体报道中的宣传导向是用户隐私保护行为的显著影响因素[③]。Kimberley 使用定性研究方法对文献进行了梳理总结，归纳得出青少年的主观规范意识、信息安全意识和感知威胁影响用户使用Facebook时的隐私保护行为[④]。雷丽莉对短视频用户的隐私保护情况进行调查，发现性别、文化程度、短视频使用时长对用户的隐私认知、隐私态度及隐私行为均存在显著影响。

从青少年角度来说，Gross 等人对社交网站上的信息披露量及隐私设置情况进行调查评估，发现隐私保护行为普遍缺位。青少年尤其是高中生，在社交媒体的使用中保护隐私的意识较弱，倾向于大量披露个人信息[⑤⑥⑦]。学者使用IUIPC 量表分析印尼 Facebook 青少年用户的隐私关注现状，发现尽管青少年意识到使用Facebook 可能会丢失信息，但这并不影响他们使用 Facebook 的意图，即存在隐私悖论的现象。国内学者李彤在研究中发现，儿童由于认知、保护、辨识等各方面的弱势性，其作为消费者和使用者的权利正遭受着损害[⑧]。

[①] Wirtz Jochen, May.Lwin & JeromeD.Williams., "Causes and Consequences of Consumer Online Privacy Concern", International Journal of Service Industry Management,Vol.18, No.4, 2007,pp.326–348.

[②] Son J Y, Kim S S.Internet Users Information Privacy–protec tive Responses:A Taxonomy and A Nomological Model[J].MIS Quarterly, 2008,32(3):503–529.

[③] Chen H, Beaudoin C E, Hong T. Securing Online Privacy: An Empirical Test on Internet Scam Victimization, Online Privacy Concerns, and Privacy Protection Behaviors[J]. Computers in Human Behavior, 2017, 70:291–302.

[④] Read, K. & Van der Schyff, K., 2020, "Modelling the intended use of Facebook privacy settings", South African Journal of Information Management, 22(1), a1238.

[⑤] Boyd,D. & Hargittai,E., "Facebook privacy settings: Who cares?" First Monday, vol.15, no.8, 2010,pp.34.

[⑥] Gross R, Acquisti A, Iii HJ H. Information revelation and privacy in online social networks[J]. ACM, 2005:71–80.

[⑦] Kusyanti A, Puspitasari D R, Catherina H, et al.. Information Privacy Concerns on Teens as Facebook Users in Indonesia[J]. Procedia Computer Science, 2017, 124:632–638.

[⑧] 李彤 . 儿童网络隐私权的企业人权责任研究 [D]. 中国政法大学，2021.

本课题确定考量"网络隐私与信息保护"的问题量表如下：

- 我担心提供给平台的信息可能会被别人获取（安全感知及隐私关注）
- 我有权决定平台如何收集、使用和共享我提供的隐私信息（安全感知及隐私关注）
- 我有权向获取我信息的平台查阅和更正我的信息（安全感知及隐私关注）
- 平台过度收集信息，对我是一种隐私侵犯（安全感知及隐私关注）
- 我认为平台应当明确告知收集、处理和使用我个人信息的方式（安全感知及隐私关注）
- 可能存在隐私威胁时，我会拒绝使用该平台（安全行为及隐私保护）
- 账户被盗，我会立刻修改密码加强防护（安全行为及隐私保护）
- 当我的在线隐私被侵犯时，我会向平台反馈要求处理（安全行为及隐私保护）
- 当我的在线隐私被侵犯时，我会向亲友寻求帮助（安全行为及隐私保护）
- 当我的在线隐私被侵犯时，我会报警或寻求法律帮助（安全行为及隐私保护）

六、网络价值认知和行为

网络空间具有匿名性、虚拟性、开放性等特点，使得网络空间注定是一把双刃剑。2002 年 10 月出版的《伦理学大辞典》收录了"网络道德"这一新词条，定义为：网络道德，又称"网络伦理"，是指计算机信息网络的开发、设计与应用中应当具备的道德意识和应当遵守的道德行为准则。国内最早研究网络道德的两部著作是严耕等人的《网络伦理》和张震的《网络时代伦理》，都专门论述了网络伦理，并指出了现存的突出问题。从网络参与者角度，学者刘守旗将网络道德视为一种制约网络使用者的规范，"网民利用网络进行活动交往时所应遵循的原则和规范，并在此基础上形成的新的伦理道德关系"[1]；尹翔则从道德构成要素方面认为网络道德是"以善恶为标准，通过社会舆论、内心信念和传统习惯来评价人们的上网行为，调节网络时空中人与人之间以及个人与社会之间关系的行为规范"[2]。综上可知，一方面，网络道德具有道德的一般属性，遵循普遍意义的善恶标准，是现实社会中调节人与人、人与社会关系的准则和规范在网络虚拟空间的延伸和投射；另一方面，它又形成、作用、依附于网络虚拟空间，呈现出不同

---

[1]　刘守旗. 网络德育：21 世纪的德育革命 [J]. 南京师范大学学报（社会科学版），2003（6）：69–75.

[2]　尹翔. 网络道德初探 [J]. 山东社会科学，2007（7）：154–155.

于传统道德的新的内容、形式和要求。

　　青少年正处于人生观和价值观的重要形成阶段，也是道德塑造的关键时期，思想不够成熟，容易受到网络负面信息的影响。脑科学的大量研究表明，大脑前额叶是认知控制的最重要神经基础，负责并执行抑制控制功能，影响着我们对他人进行对错与否的道德评价以及自己决定是否做出某些行为的道德决策，也影响着共情、内疚等道德情绪的形成①。由于青少年的大脑前额叶尚未发育成熟，容易有道德判断失常、道德自控失败等表现。心理学家也提出了"抑制"的概念，认为抑制是个体行为受到自我意识约束，维持一定的焦虑水平并且在意他人的评价，从而做出理性行为的现象。与之相反的"去抑制"则是个体更少受自我意识的约束，更不在乎他者的存在。由于互联网的匿名性和虚拟性，青少年在网络社会中更难克制自己，更容易情绪失控和行为不理性，忽视道德准则和社会规范，出现"网络解除抑制效果"。因此，很多学者担忧互联网环境会对青少年的道德认知和行为产生影响，认为网络中的信息垃圾会使青少年道德意识弱化，网络的间接交往形式会造成青少年道德情感冷漠，网络内容传播的超地域性导致青少年价值观的冲突与迷失②，甚至表现出一些过激、欺骗的网络偏差行为③。然而，在受到网络道德影响的同时，作为网络重要行为主体的青少年，客观上也被要求作为"参与人"积极进入网络道德的建设中来，在网络道德秩序的维持中扮演着重要的角色。

　　国外的一些计算机和网络组织为规范网络使用者行为提出了一系列要求和准则。美国计算机伦理协会制定了著名的"计算机伦理十戒"，用于规范网络用户的行为：（1）不应该用计算机去伤害他人；（2）不应干扰别人的计算机工作；（3）不应窥探别人的文件；（4）不应用计算机进行偷窃；（5）不应用计算机作伪证；（6）不应使用或拷贝没有付钱的软件；（7）不应未经许可而使用别人的计算机资源；（8）不应盗用别人的智力成果；（9）应该考虑你所编的程序的社会后果；（10）应该以深思熟虑和慎重的方式来使用计算机。

　　此外，部分机构还明确规定了哪些行为属于网络不道德行为，如南加利福尼

---

① 王云强，郭本禹.大脑是如何建立道德观念的：道德的认知神经机制研究进展与展望 [J]. 科学通报，2017，62（25）：2867-2875.
② 楚丽霞.网络社会中青少年德性的创造 [J]. 当代青年研究，2000（3）：25-28.
③ 雷雳，马晓辉.青少年网络道德态度与其网络偏差行为的关系 [A].中国心理学会·第十二届全国心理学学术会议.

亚大学网络伦理声明明确指出了六种网络不道德行为类型：（1）有意地造成网络交通混乱或擅自闯入网络及其相联的系统；（2）商业性地或欺骗性地利用大学计算机资源；（3）偷窃资料、设备或智力成果；（4）未经许可而接近他人的文件；（5）在公共用户场合做出引起混乱或造成破坏的行动；（6）伪造电子邮件信息。

2000 年，英国谢菲尔德大学信息研究中心的韦伯（Webers S.）教授发表在《美国情报科学杂志》上的"信息素养"的概念，在以往 ALA 强调的信息意识、信息能力的基础上特别增加了信息道德维度，强调了在社会中合法使用信息的重要性。

根据《高等教育信息素养能力标准》，了解与信息及信息技术有关的伦理、法律问题，有助于学生找出并讨论与免费和收费信息相关的问题，找出并讨论与审查制度和言论自由相关的问题，显示出对知识产权、版权和合理使用受专利权保护资料的认识。了解、遵守和使用与信息资源相关的法律、规定、机构性政策和礼节，有助于学生按照公认的惯例（如网上礼仪）参与网上讨论；使用经核准的密码和其他身份证明来获取信息资源；按规章制度获取信息资源；保持信息资源、设备、系统和设施的完整性；合法地获取、存储和发布文字、数据、图像或声音；了解什么行为构成抄袭，不能把他人的作品作为自己的；了解与人体试验研究有关的规章制度。

龚玄在《论青少年网络道德失范及其治理》中将青少年网络道德失范行为归纳为沉溺于网络世界、散布不当信息、"攻击"行为威胁、网络剽窃侵权，并指出由于青少年群体的特点，其网络道德失范不仅与其他群体网民不完全相同，还带有总量的不断增多、趋势的低龄化和种类的多样性等特点[①]。于航（2019）列举了青少年在使用网络的过程中出现的沉溺网络、道德情感冷漠、疏远人群、盗取隐私信息、非法入侵他人网络、网络诈骗、散播不良信息等道德不良行为[②]。综合所述，本研究主要从以下方面出发对青少年的网络道德水平进行评估与测量。

（一）网络暴力认知与行为

网络暴力，又称网络欺负、网络伤害，是一种个人或群体使用信息传播技术（电子邮件、手机、短信、网站等）有意且重复地实施伤害他人的危害严重、影响恶劣的暴力形式。它的形式大概可以分为七种：情绪失控、网络骚扰、网络盯梢、网络诋毁、网络伪装、披露隐私和在线孤立。

---

① 龚玄 . 论青少年网络道德失范及其治理 [D]. 中国青年政治学院，2009.
② 于航 . 青少年网络道德问题及对策研究 [D]. 沈阳师范大学，2019.

青少年是一个长期接触网络环境的群体，很容易被卷入网络暴力中。Hinduja和 Patchin 等人调查了 83 所美国中小学学生，发现 27.3% 的人曾经受到过网络暴力的伤害，也有 16.8% 的学生承认曾经对别人实施过网络暴力[①]。Qing Li 对加拿大两所中学 177 名学生进行的匿名研究显示，24.9% 的学生曾经是网络暴力的受害者，而 14.5% 的学生曾经使用电子通信工具骚扰过别人[②]。并且，受到不良网络文化侵扰的青少年中，女性青少年面临的网络环境更加严峻，更容易成为网络中被辱骂和人肉搜索等暴力欺凌的对象[③]。

随着新媒体的发展，网络亚文化也深刻影响和塑造着青少年的网络暴力认知与行为。网络亚文化用户高度活跃在网络当中，并衍生出了新的圈层文化，如二次元群体、饭圈群体，这些群体呈现出低龄化、圈层化、行为组织化和情绪极端化的特征[④]。2019 年发布的《"粉丝文化"与青少年网络言论失范行为问题研究报告》显示，随着近年来粉丝文化的兴起，网络空间中青少年通过使用侮辱性语言、捏造不实信息来侵害名誉权行为纠纷多发，网络言论失范行为亟待规范。2020 年发布的《青少年蓝皮书：中国未成年人互联网运用报告（2020）》的数据显示，我国未成年互联网普及率高达 99.2%，其中，饭圈数量就占到一半以上[⑤]。青少年已经成为亚文化群体的核心力量，然而青少年群体还未树立正确的价值观、辨识能力尚弱、网络行为并不规范，容易受到营销号或意见领袖的刻意煽动，参与到网络暴力当中，使用低俗的网络黑话，采用人肉搜索的方式曝光他人隐私或危害他人人身安全，消解了主流意识形态的权威性。

整治网络暴力行为关系到青少年的身心健康以及整个社会的和谐发展，社会、学校和家庭要更加关注青少年的身心健康、打造更加良好的网络空间、全民启动社会支持、全年支持网络暴力干预行为[⑥]。

---

① Sameer Hinduja and Justin W.Patchin .Summary of our cyberbullying research from 2004–2010. http://www.cyberbullying.us/research.php. (2010).

② Li Q . New bottle but old wine: A research of cyberbullying in schools[J]. Computers in Human Behavior, 2007, 23(4):1777–1791.

③ 王琴 . 网络文化安全视域下女性青少年媒介素养教育探析 [J]. 现代传播（中国传媒大学学报），2021.

④ 席志武，李华英 . "饭圈文化"对网络主流意识形态的潜在风险及治理对策 [J]. 安徽师范大学学报（人文社会科学版），2022.

⑤ 张赛 .《青少年蓝皮书：中国未成年人互联网运用报告（2020）》在京发布 [EB/OL]. http://www.cssn.cn/zx/bwyc/202009/t20200922_5185844.shtml.

⑥ 许欣，胡珊 . 基于社会支持的青少年网络欺凌行为的对策研究 [J]. 公关世界，2022（4）：169–170.

（二）网络规范认知与行为

随着科技的发展和互联网的普及，网民数量急剧增长。中国互联网络信息中心（CNNIC）数据显示：截至 2021 年 12 月，我国网民规模为 10.32 亿，较 2020 年 12 月新增网民 4296 万，互联网普及率达 73.0%，较 2020 年 12 月提升 2.6 个百分点①。近年来，我国高度重视网络治理问题和网络法治建设，同时，也高度重视青少年群体在网络世界中的担当与责任问题。相较于老年群体，新型智能终端（如手机、平板、智能手表等）在未成年群体中迅速普及，这也使得对于青少年群体的网络规范教育迫在眉睫。

2001 年，《全国青少年网络文明公约》正式发布，对青少年提出了"要善于网上学习，不浏览不良信息；要诚实友好交流，不侮辱欺诈他人；要增强自护意识，不随意约会网友；要维护网络安全，不破坏网络秩序；要有益身心健康，不沉溺虚拟时空"的上网规范和要求。新加坡政府非常注重培养青少年自发自觉的网络道德意识，尤其是通过传统道德教育，增强青少年网络使用的自律性，促进儒家"慎独"精神在网络中延伸②。2021 年 9 月，我国印发《中国儿童发展纲要（2021—2030 年）》，要求加强未成年人网络保护，落实政府、企业、学校、家庭、社会保护责任，为儿童提供安全、健康的网络环境，保障儿童在网络空间中的合法权益。

近几年，随着手机端游戏的发展，青少年玩端游和游戏消费现象日益严重。中国青少年网络协会第三次网瘾调查研究报告显示，我国城市青少年网民中，网瘾青少年超过 2400 万人，还有 1800 多万名青少年有网瘾倾向③。在游戏世界中，青少年能够获得内心成就感，但同时，过度沉迷游戏会使青少年的思想发展和行为模式受到不良影响，对网络世界产生依赖性，阻碍其大脑的生理性发展和心理健康④。除了网络游戏，从 2016 年开始兴起的网络直播也引起了青少年的兴趣，大批青少年网民成了网络直播的粉丝或内容创作者。但是，目前我国直播行业鱼龙混杂，不少主播为了博眼球、吸引流量，诱导青少年转发、打赏。而青少年群体身心发育尚未成熟，缺乏足够的判断和自制能力，很容易受到外界的不良影

① 第 49 次《中国互联网络发展状况统计报告》[R]. 北京：中国互联网络信息中心，2022.
② 赵翔. 新加坡青少年网络道德教育及其启示 [J]. 武汉市教育科学研究院学报，2007（2）：115–118.
③ 李晓宏. 网瘾也是精神疾病 [N]. 人民日报，2013–09–27.
④ 王轩，苏兵. 自媒体环境下大学生网络行为的规范和引导 [J]. 计算机产品与流通，2020（1）：195.

响，因此淫秽、暴力、色情等信息都会对青少年产生巨大危害[①]。

要促使互联网在青少年成长中发挥积极作用，政府应利用各种途径引导青少年认识到网络信息的庞杂性、网络交友和游戏的虚幻性、网络上瘾的危害性，使得青少年具有区分现实与虚拟世界的意识和能力，自觉抵御网络空间的负面影响。并且，政府应监督网络媒体等相关主体自觉承担起社会责任，从"外在管理"转化为"内在治理"，即从他律升华为自律。2021年，我国针对青少年（未成年）网络沉迷和过度游戏消费的问题，发布《关于进一步严格管理切实防止未成年人沉迷网络游戏的通知》，严格限制未成年人的网络游戏时间，并且不得向未实名注册和登录的用户提供游戏服务。

面对日益复杂的数字媒介环境，作为网络重要行为主体的青少年更应该加强培育媒介素养，自觉约束规范言谈和行为，为自己在网络空间的言行负责，推进网络依法规范有序运行，为网络空间的治理与维护尽一份力量。

本研究将网络价值作为信息素养的重要组成部分，是为了使青少年在使用互联网时，不仅能娴熟地使用网上资源，还能合法、合规地约束自己的网络行为，正确认识与网络信息有关的道德、伦理等知识。这是我们把网络道德作为测量网络素养高低的一个维度的重要原因。以下是我们课题组为这部分研究设计的问题：

- 我认为网上的抄袭和盗版现象应该被重视（网络规范认知）

- 在使用网上内容时，我会注明信息来源（网络规范认知）

- 我在使用网络时能够控制情绪，理性分析问题（网络规范认知）

- 我认为在网上曝光他人的隐私信息是很正常的事情（网络暴力认知）

- 我曾在网络上公开过其他人的隐私（网络暴力认知）

- 我在论坛或社交媒体上辱骂或攻击过其他人（网络暴力认知）

- 在网络事件未明确真相之前，我发表过对当事人的过激言论（网络暴力认知）

- 在不确定信息的真实性之前，我曾将它们分享到社交媒体（网络行为规范）

- 我认为对自己的网络行为也应该负责（网络行为规范）

- 我转借或共享过自己的网络平台账号（网络行为规范）

[①] 庹继光，蹇莉.从强制性规范到倡导性规范：网络媒体对青少年的责任与担当——以网络安全法第十三条为中心的考察[J].中国记者，2018（7）：60–62.

第二章

青少年网络素养现状

一、研究方法

本次研究主要采用整群抽样调查的方式。以 192 所分布在我国不同省级行政区的中学作为样本框。再根据各学校的实际情况,从每一所学校随机抽取初中和高中不同年级一个班的学生,组成本研究的实际调查对象。最终样本覆盖 31 个省、自治区、直辖市,来自四年级到高三的九个年级,以确保问卷数据的代表性。本次问卷调查采用纸质版问卷与电子版问卷结合的方式,收回纸质版问卷 499 份,电子版问卷 23600 份,共计收回问卷 24099 份。将收回问卷中有题目未作答及无效样本剔除后,最终确定有效问卷 22858 份,问卷调查研究的有效率为 94.9%。北京师范大学附属学校平台协助完成问卷调查。

二、样本构成

表 2-1 样本构成

变量	变量分类	样本数	有效百分比(%)
性别	男	11135	48.7
	女	11723	51.3
年级	四年级	1628	7.1
	五年级	1371	6.0
	六年级	1812	7.9
	初一	5528	24.2
	初二	4218	18.5

续表

变量	变量分类	样本数	有效百分比（%）
年级	初三	2195	9.6
	高一	3188	14.0
	高二	1627	7.1
	高三	1121	4.9
	其他	170	0.7
户口	城市	11249	49.2
	农村	11609	50.8
总计		22858	100.0

三、信效度检验

在本次调研过程中，共使用上网注意力管理、网络信息搜索与利用、网络信息分析与评价、网络印象管理、网络信息与隐私保护、网络价值认知和行为六大维度来对青少年网络素养进行测量。

（一）上网注意力管理信效度检验

经过信度和效度检测，上网注意力管理的克隆巴赫 Alpha 指数为 0.666，信度较好；巴特利特球形度检验相应的概率的显著性为 0.000，小于 0.05，因而可以认为相关系数的矩阵与单位阵有显著性差异；KMO 的值为 0.835，大于 0.6，原有的变量具有较好的研究效度。

表 2-2　上网注意力管理可靠性分析

可靠性分析	
克隆巴赫 Alpha	项数
0.666	10

表 2-3　上网注意力管理 KMO 和巴特利特检验

KMO 和巴特利特检验		
KMO 取样适切性量数		0.835
巴特利特球形度检验	近似卡方	83403.359
	自由度	45
	显著性	0.000

（二）网络信息搜索与利用信效度检验

经过信度和效度检测，网络信息搜索与利用的克隆巴赫 Alpha 指数为 0.902，信度较好；巴特利特球形度检验相应的概率的显著性为 0.000，小于 0.05，因而可以认为相关系数的矩阵与单位阵有显著性差异；KMO 的值为 0.930，大于 0.6，原有的变量具有较好的研究效度。

表 2-4　网络信息搜索与利用可靠性分析

可靠性分析	
克隆巴赫 Alpha	项数
0.902	10

表 2-5　网络信息搜索与利用 KMO 和巴特利特检验

KMO 和巴特利特检验		
KMO 取样适切性量数		0.930
巴特利特球形度检验	近似卡方	119464.951
	自由度	45
	显著性	0.000

（三）网络信息分析与评价信效度检验

经过信度和效度检测，网络信息分析与评价的克隆巴赫 Alpha 指数为 0.638，信度较好；巴特利特球形度检验相应的概率的显著性为 0.000，小于 0.05，因而可以认为相关系数的矩阵与单位阵有显著性差异；KMO 的值为 0.846，大于 0.6，原有的变量具有较好的研究效度。

表 2-6　网络信息分析与评价可靠性分析

可靠性分析	
克隆巴赫 Alpha	项数
0.638	10

表 2-7　网络信息分析与评价 KMO 和巴特利特检验

KMO 和巴特利特检验		
KMO 取样适切性量数		0.846
巴特利特球形度检验	近似卡方	82788.640
	自由度	45
	显著性	0.000

（四）网络印象管理信效度检验

经过信度和效度检测，网络印象管理的克隆巴赫 Alpha 指数为 0.888，信度较好；巴特利特球形度检验相应的概率的显著性为 0.000，小于 0.05，因而可以认为相关系数的矩阵与单位阵有显著性差异；KMO 的值为 0.910，大于 0.6，原有的变量具有较好的研究效度。

表 2-8　网络印象管理可靠性分析

可靠性分析	
克隆巴赫 Alpha	项数
0.888	10

表 2-9　网络印象管理 KMO 和巴特利特检验

KMO 和巴特利特检验		
KMO 取样适切性量数		0.910
巴特利特球形度检验	近似卡方	99130.050
	自由度	45
	显著性	0.000

（五）网络信息与隐私保护信效度检验

经过信度和效度检测，网络信息与隐私的克隆巴赫 Alpha 指数为 0.921，信度较好；巴特利特球形度检验相应的概率的显著性为 0.000，小于 0.05，因而可以认为相关系数的矩阵与单位阵有显著性差异；KMO 的值为 0.930，大于 0.6，原有的变量具有较好的研究效度。

表 2-10 网络信息与隐私可靠性分析

可靠性分析	
克隆巴赫 Alpha	项数
0.921	10

表 2-11 网络信息与隐私 KMO 和巴特利特检验

KMO 和巴特利特检验		
KMO 取样适切性量数		0.930
巴特利特球形度检验	近似卡方	144319.484
	自由度	45
	显著性	0.000

（六）网络价值认知和行为信效度检验

经过信度和效度检测，网络价值认知和行为的克隆巴赫 Alpha 指数为 0.826，信度较好；巴特利特球形度检验相应的概率的显著性为 0.000，小于 0.05，因而可以认为相关系数的矩阵与单位阵有显著性差异；KMO 的值为 0.887，大于 0.6，原有的变量具有较好的研究效度。

表 2-12 网络价值认知和行为可靠性分析

可靠性分析	
克隆巴赫 Alpha	项数
0.826	10

表 2-13 网络价值认知和行为 KMO 和巴特利特检验

KMO 和巴特利特检验		
KMO 取样适切性量数		0.887
巴特利特球形度检验	近似卡方	152251.496
	自由度	45
	显著性	0.000

（七）青少年网络素养整体信效度检验

经过信度和效度检测，青少年网络素养整体的克隆巴赫 Alpha 指数为 0.905，信度较好；巴特利特球形度检验相应的概率的显著性为 0.000，小于 0.05，因而可以认为相关系数的矩阵与单位阵有显著性差异；KMO 的值为 0.970，大于 0.6，原有的变量具有较好的研究效度。

表 2-14　青少年网络素养整体可靠性分析

可靠性分析	
克隆巴赫 Alpha	项数
0.905	60

表 2-15　青少年网络素养整体 KMO 和巴特利特检验

KMO 和巴特利特检验		
KMO 取样适切性量数		0.970
巴特利特球形度检验	近似卡方	818320.283
	自由度	1770
	显著性	0.000

四、总体得分情况

调查显示，青少年网络素养整体平均得分为 3.63 分（满分 5 分），略高于及格线，有待进一步提升。其中，网络价值认知和行为的平均得分最高（4.01 分），网络印象管理的平均得分最低（2.93 分）。

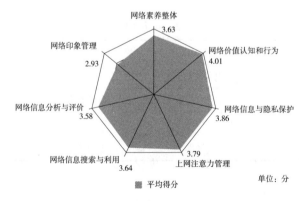

图 2-1　青少年网络素养总体得分情况

　　从省份来看，青少年网络素养平均得分最高的前五个省份是北京市（3.84）、山西省（3.82）、云南省（3.78）、山东省（3.77）和浙江省（3.76），青少年网络素养平均得分较低的五个省份是上海市（3.45）、湖北省（3.43）、西藏自治区（3.38）、青海省（3.34）和福建省（3.19）。

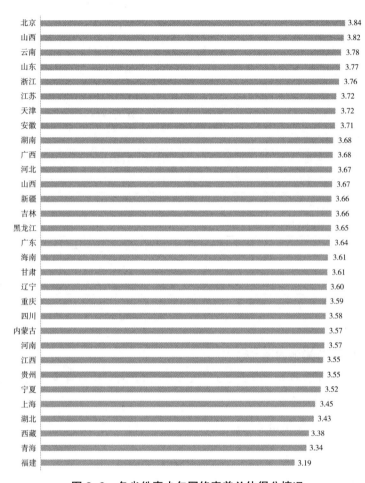

图2-2　各省份青少年网络素养总体得分情况

五、回归模型

　　回归模型显示，个人属性中的性别、年级、户口、地区、每天的平均上网时长，家庭属性中的青少年的父母学历、家庭收入、与父母讨论网络内容频率和与父母亲密程度，学校属性中的青少年在网络技能、素养类课程中的收获，与同学讨论网络内容的频率，对青少年网络素养有显著影响。

表 2-16　青少年综合网络素养回归模型

	模型 1	模型 2	模型 3
性别	0.059***	0.06***	0.06***
年级	−0.014***	−0.015***	−0.013***
户口	−0.13***	−0.089***	−0.087***
地区	−0.072***	−0.063***	−0.056***
上网时长	−0.054***	−0.045***	−0.034***
父亲学历		0.009**	0.011***
母亲学历		−0.001	0.002
家庭收入		0.047***	0.044***
与父母讨论网络内容频率		0.02***	0.01*
与父母亲密程度		0.081***	0.057***
学校开设课程与否			0.048
课程收获程度			0.106***
与同学讨论网络内容频率			0.032***
R 方 SIG 值	调整后的 R 方为 8.7% SIG=0.000	调整后的 R 方为 10.9% SIG=0.000	调整后的 R 方为 12.1% SIG=0.000

注：* 代表 5% 显著性水平，** 代表 1% 显著性水平，*** 代表 0.1% 显著性水平

六、个人属性影响因素分析

回归模型显示：性别、年级、户口、地区和上网时长对青少年网络素养有显著影响。

（一）女生网络素养相对较好

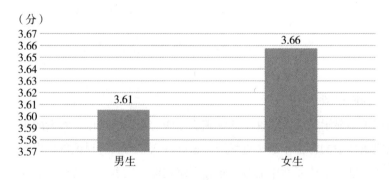

图 2-3　性别影响因素分析

（二）初中生网络素养水平优于高中生

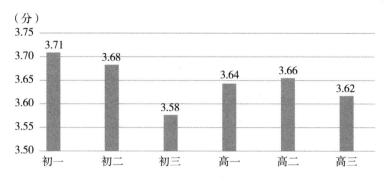

图 2-4　年级影响因素分析

（三）城市户口青少年网络素养水平优于农村户口

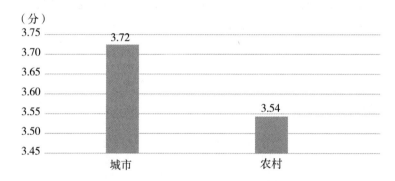

图 2-5　户口影响因素分析

（四）东部地区青少年网络素养水平优于西部地区

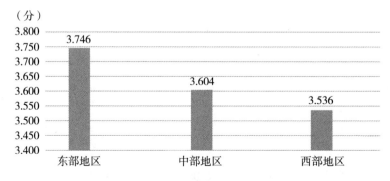

图 2-6　地区影响因素分析

（五）随着每天平均上网时间增长，青少年网络素养水平逐渐下降

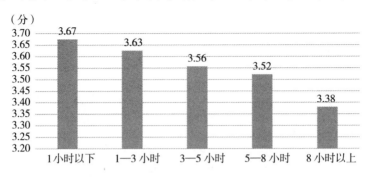

图2-7　上网时长影响因素分析

七、家庭属性影响因素分析

在家庭属性中，青少年父母学历、家庭收入、与父母讨论网络内容频率以及与父母亲密程度对青少年的网络素养有影响。

（一）青少年父母的学历越高，青少年网络素养也越高

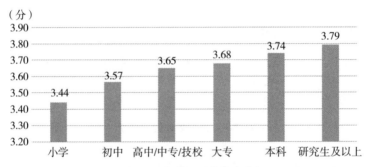

图2-8　父亲学历影响因素分析

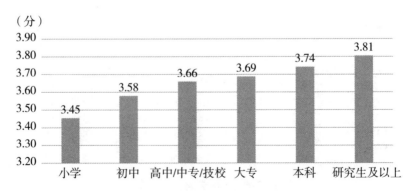

图2-9　母亲学历影响因素分析

（二）青少年的家庭收入水平越高，青少年网络素养也越高

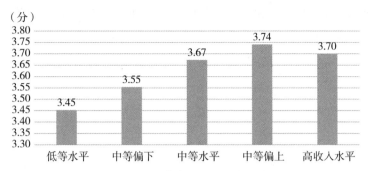

图 2-10 家庭收入影响因素分析

（三）青少年与父母讨论网络内容频率越高，青少年网络素养越高

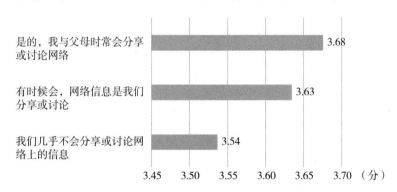

图 2-11 青少年与父母讨论网络内容频率因素分析

（四）青少年与父母亲密程度越深，青少年网络素养越高

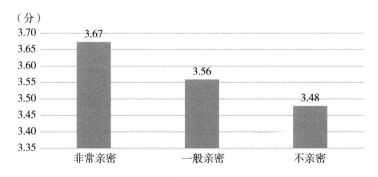

图 2-12 青少年与父母亲密程度因素分析

八、学校属性影响因素分析

学校属性中，青少年的课程收获程度以及与同学讨论网络内容频率对青少年的网络素养有影响。

（一）青少年在网络技术、素养类课程中的收获越大，其网络素养相对越高

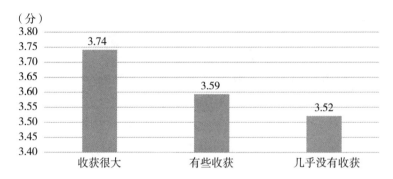

图2-13 青少年在网络技术、素养类课程中的收获因素分析

（二）青少年与同学讨论网络内容频率越低，其网络素养相对越高

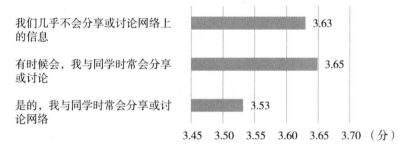

图2-14 青少年与同学讨论网络内容频率因素分析

第三章

个人、家庭、学校等属性对青少年网络素养的影响分析

一、个人属性对六个维度的影响分析

（一）性别对六个维度的影响分析

女生在上网注意力管理、网络信息搜索与利用、网络信息分析与评价、网络信息与隐私保护和网络价值认知和行为方面表现相对较好，男生在网络印象管理方面表现相对较好。

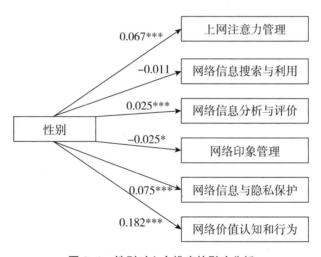

图 3-1　性别对六个维度的影响分析

（二）年级对六个维度的影响分析

上网注意力管理、网络信息搜索与利用、网络信息分析与评价、网络信息与隐私保护和网络价值认知和行为随年级升高而降低，网络信息分析与评价、网络印象管理能力则随年级升高而提高。

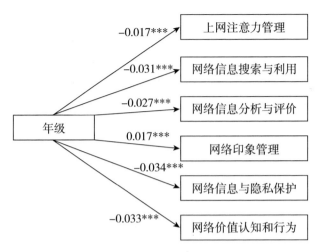

图 3-2　年级对六个维度的影响分析

（三）户口对六个维度的影响分析

城市户口学生在上网注意力管理、网络信息搜索与利用、网络信息分析与评价、网络信息与隐私保护和网络价值认知和行为方面表现较好，而农村户口学生在网络印象管理方面表现较好。

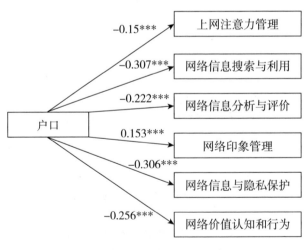

图 3-3　户口对六个维度的影响分析

（四）地区对六个维度的影响分析

东部地区青少年在上网注意力管理、网络信息搜索与利用、网络信息分析与评价、网络信息与隐私保护和网络价值认知和行为方面表现较好，中西部地区青少年在网络印象管理方面表现较好。

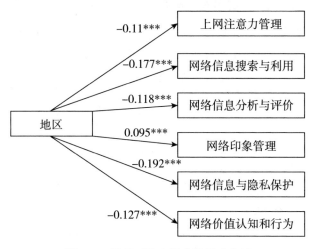

图 3-4　地区对六个维度的影响分析

（五）每天上网时长对六个维度的影响分析

每天平均上网时间越长的青少年，在上网注意力管理、网络信息搜索与利用、网络信息分析与评价、网络印象管理、网络信息与隐私保护和网络价值认知和行为方面表现越差。

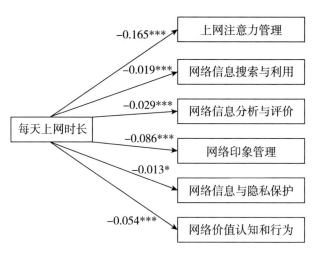

图 3-5　每天上网时长对六个维度的影响分析

二、家庭属性对六个维度的影响分析

（一）家庭收入对六个维度的影响分析

家庭收入越高，青少年在上网注意力管理、网络信息搜索与利用、网络信息分析与评价、网络信息与隐私保护、网络价值认知和行为等方面表现越好，而家庭收入越低，青少年在网络印象管理方面表现越好。

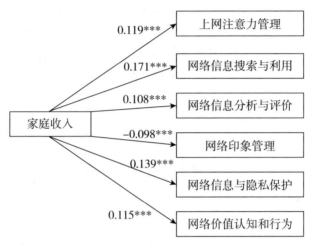

图3-6 家庭收入对六个维度的影响分析

（二）与父母亲密程度对六个维度的影响分析

青少年与父母越亲密，在上网注意力管理、网络信息搜索与利用、网络信息分析与评价、网络信息与隐私保护和网络价值认知和行为等方面表现越好，而在网络印象管理方面表现越差。

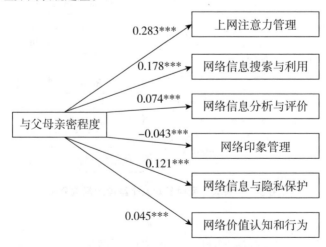

图3-7 与父母亲密程度对六个维度的影响分析

（三）与父母讨论网络内容频率对六个维度的影响分析

与父母讨论网络内容越频繁的青少年，在上网注意力管理、网络信息搜索与利用、网络信息分析与评价这三个方面表现更好，但在网络印象管理方面表现较差。

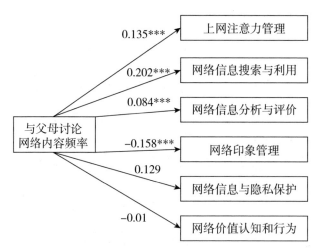

图 3-8　与父母讨论网络内容频率对六个维度的影响分析

（四）父亲学历对六个维度的影响分析

父亲的学历越高，青少年在网络信息搜索与利用、网络信息分析与评价、网络信息与隐私保护、网络价值认知和行为四个维度表现越好，但在网络印象管理维度表现较差。

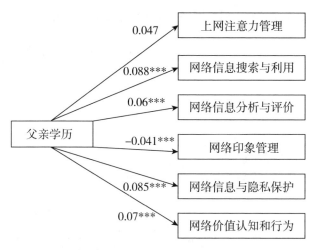

图 3-9　父亲学历对六个维度的影响分析

（五）母亲学历对六个维度的影响分析

母亲的学历越高，青少年在上网注意力管理、网络信息搜索与利用、网络信息分析与评价、网络信息与隐私保护、网络价值认知和行为五个维度表现越好，但在网络印象管理维度表现较差。

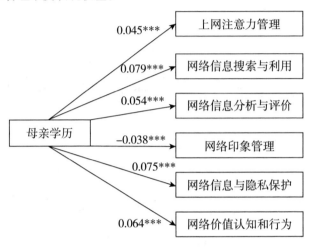

图3-10　母亲学历对六个维度的影响分析

三、学校属性对六个维度的影响分析

（一）网络素养、技能课程是否开设对六个维度的影响分析

青少年所在学校若开设网络素养、技能课程，青少年在上网注意力管理、网络信息搜索与利用、网络信息分析与评价、网络信息与隐私保护、网络价值认知和行为五个维度表现较好，但在网络印象管理维度表现较差。

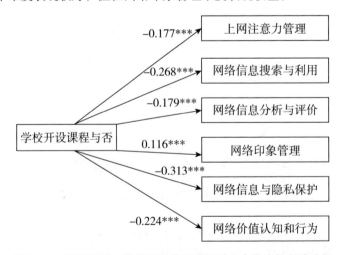

图3-11　网络素养、技能课程是否开设对六个维度的影响分析

（二）网络素养、技能课程收获对六个维度的影响分析

青少年在网络素养、技能课程方面的收获越大，在上网注意力管理、网络信息搜索与利用、网络信息分析与评价、网络信息与隐私保护、网络价值认知和行为五个维度表现越好，但在网络印象管理维度表现较差。

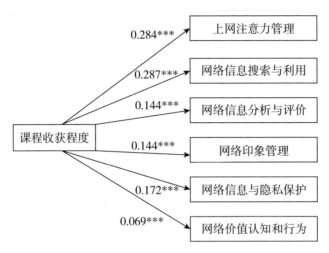

图 3-12 网络素养、技能课程收获对六个维度的影响分析

（三）与同学讨论网络内容频率对六个维度的影响分析

越经常与同学讨论网络内容的青少年，在上网注意力管理、网络印象管理、网络价值认知和行为三个维度表现越好，但在网络信息搜索与利用、网络信息分析与评价、网络信息与隐私保护三个维度表现越差。

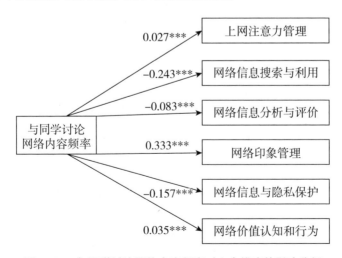

图 3-13 与同学讨论网络内容频率对六个维度的影响分析

四、网络成瘾对六个维度的影响分析

网络成瘾程度越低的青少年，在上网注意力管理、网络信息搜索与利用、网络信息分析与评价、网络印象管理、网络信息与隐私保护、网络价值认知和行为六个维度表现越好。

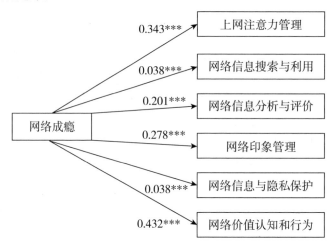

图 3-14　青少年网络成瘾对六个维度的影响分析

五、心理韧性对六个维度的影响分析

心理韧性越强的青少年，在上网注意力管理、网络信息搜索与利用、网络信息分析与评价、网络价值认知和行为、网络信息与隐私保护五个维度表现越好，但在网络印象管理维度表现越差。

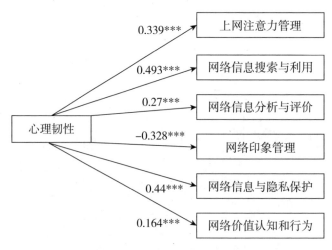

图 3-15　青少年心理韧性对六个维度的影响分析

六、未成年人网络素养教育面临的机遇和存在的问题

（一）当前未成年人网络素养教育面临的机遇

一是从法律法规制度体系来看，我国已逐步构建起具有中国特色的未成年人网络保护法律法规制度体系，未成年人网络素养培育促进制度更加健全。未成年人网络素养是做好未成年人网络保护工作的重要基石，2021年6月1日施行的《中华人民共和国未成年人保护法》，强化网络素养概念，设立"网络保护"专章。2024年1月1日施行的《未成年人网络保护条例》，覆盖了网络素养促进、网络信息内容规范、个人信息网络保护、网络沉迷防治等未成年人网络保护的各个方面和重点领域，进一步规范了国家、社会、家庭、学校等的网络素养促进义务，这也意味着我国在健全未成年人网络保护和网络素养培育制度体系上迈出了坚实的一步。

二是从学校角度来看，网络素养教育逐步纳入学校素质教育内容，网络素养教育内容和实践活动持续创新。大数据、人工智能等技术的迅猛发展，为推进我国教育数字化战略提供了前所未有的契机。越来越多的未成年人积极拥抱数字化、信息化、智能化的学习方式。2022年，教育部公布的《义务教育课程方案和课程标准（2022年版）》适应教育发展新需要，迎接网络时代新挑战，加快推进网络素养培育更好融入中小学课程体系，《信息科技》以及其他相关课程都融入网络素养教育内容或主题实践活动。在现有法律法规中，《未成年人网络保护条例》规定：县级以上地方人民政府应当通过为中小学校配备具有相应专业能力的指导教师、政府购买服务或者鼓励中小学校自行采购相关服务等方式，为学生提供优质的网络素养教育课程。我国法律法规中规定，学校应当将提高学生网络素养等内容纳入教育教学活动，并合理使用网络开展教学活动。

三是从家庭角度来看，家长是培育未成年人网络素养的第一责任人的导向进一步强化。《中华人民共和国未成年人保护法》《未成年人网络保护条例》都强调加强家庭家教家风建设，提高家长自身网络素养，规范自身使用网络的行为，加强对未成年人使用网络行为的教育、示范、引导和监督。《中华人民共和国家庭教育促进法》明确父母或者其他监护人应当树立家庭是第一课堂、家长是第一任老师的责任意识，承担对未成年人实施家庭教育的主体责任，用正确的思想、方法和行为教育未成年人养成良好思想、品行和习惯。未成年人的父母或者其他监护人应当合理安排未成年人学习、休息、娱乐和体育锻炼的时间，预防未成年人沉迷网络。

（二）当前未成年人网络素养教育存在的问题

一是未成年人的网络素养状况存在差距，现有的网络素养培育模式和教育体系无法满足现实要求。尽管城乡未成年网民的互联网接入水平已经基本相同，但与城镇未成年人相比，农村未成年人在上网设备多样性、应用使用多样性方面依然存在明显差距。《第5次全国未成年人互联网使用情况调查报告》显示，农村未成年网民使用台式电脑、笔记本电脑、平板电脑、智能手表等设备的比例，以及经常搜索信息、网上购物的比例均低于城镇未成年网民8个百分点以上。未成年人网络素养呈现城乡差异，并更大程度上体现在不同区域间未成年人正确使用数据、获取有效信息的能力和素养上。未成年人在不同年龄段遇到的困惑和问题不同，对网络内容的需求和网络功能的使用也不同，能够接受的学习形式也不同，比如小学生网络娱乐较多，更喜欢漫画式的讲解；中学生参与的网络社交活动更多，也更愿意被平等对待。因此，未成年人网络素养教育需要因人因地制宜，体现差异化、个性化特点。

二是如何落实学校网络素养教育的主阵地作用，切实将网络素养与各学科课程内容有机结合，还需要创新突破。《第5次全国未成年人互联网使用情况调查报告》显示，63.2%的未成年网民表示自己在学校接受过网络安全教育相关课程，并且觉得这门课有用；8.4%的未成年网民表示虽然参加了这门课程但没什么用；28.4%的未成年网民表示学校没有这类课程，或不知道这类课程是什么。由此可见，目前学校的未成年人网络素养教育仍显乏力，也缺乏相应的师资力量进行系统的课程建设，学校作为网络素养培育主阵地的功能和作用亟待加强。

三是家长存在监督和指导能力不足等问题。《第5次全国未成年人互联网使用情况调查报告》显示，63.5%的家长表示自己可以熟练使用互联网；但也有28.7%的家长表示对互联网懂得不多，主要上网行为是看新闻或短视频；此外，还有7.8%的家长表示自己不会上网。超过四分之一的家长认为自己对互联网存在依赖心理，超过三成的家长没有意识到在相关应用上发布子女动态可能会存在安全风险。家长在指导未成年人提高互联网使用技能上还存在诸多困难和问题，这反映了家长在未成年人网络素养培育中的监督和指导能力不足。

四是未成年人网络素养教育的生态系统尚待完善。未成年人网络素养促进是一项系统性工程，涉及政府监管、家庭教育、学校保护、企业履责、网民自律等各个方面、各个环节。《第5次全国未成年人互联网使用情况调查报告》显示，63.4%的未成年网民学习上网技能主要靠自己摸索，36.1%的未成年网民通过与同学、朋友的交流学习上网技能。通过学校相关课程学习、向家长学习上网技能的比例则分别为 25.6% 和 22.7%。从未成年网民上网技能的学习方式来看，绝大部分未成年网民的上网技能依然以自己摸索为主，学校和家长在未成年人上网技能的教育方面发挥的影响力还不是很突出，家庭、学校和社会的支持系统还不够完善。

第四章

青少年网络素养提升和优化路径

一、"赋权""赋能""赋义"是青少年网络素养的核心理念

互联网在中国飞速发展了30年,由网络化、数字化演进到今天的智能化,互联网以"连接一切"的方式作用于社会,极大地激活了个体,深度嵌入我国社会经济和人民生活,成为影响中国未来发展的重要因素。基于青少年网络素养的量化研究成果,结合青少年成长发展的现实语境和社会土壤,针对青少年的网络素养的培养和发展这一议题,我们认为"赋权""赋能"和"赋义"是网络素养培育的核心理念。

（一）赋权：促进青少年自我发展

"赋权",即青少年作为网络原住民,从出生起便生活在网络世界和现实世界交融的独特生存空间中。"赋权"就是要赋予青少年在实践中提升自我发展能力的权利,除了鼓励青少年去认知和接触现实世界,也应该顺应青少年在网络世界中探索未知的天性,帮助青少年通过网络与现实世界建立与社会的联系,强调实践对认知和综合能力的提升作用,尊重青少年的自由精神与探究本能。

（二）赋能：培养青少年上网能力

"赋能"是一种能力构建教育,有利于使青少年利用网络自我发展为"智慧网络人",即培养青少年的上网注意力管理能力、网络信息搜索与利用能力、网络信息分析与评价能力、网络印象管理能力、网络安全保护能力、网络道德行为能力等,使青少年可以娴熟地使用网络媒体,也让他们能够更好地参与社会活动和发声,并利用互联网在虚拟和现实的交互中便捷解决复杂问题,让网络真正为青少年所用。2022年10月,国家互联网信息办公室发布的《未成年人网络保护条例》第二章"网络素养促进"中指出,国务院教育行政部门应当将网络素养教

育纳入学校素质教育内容，并会同国家网信部门制定未成年人网络素养测评指标。教育行政部门应当指导、支持学校开展未成年人网络素养教育，围绕网络道德意识和行为准则、网络法治观念和行为规范、网络使用能力建设、人身财产安全保护等，培育未成年人网络安全意识、文明素养、行为习惯和防护技能。

（三）赋义：使青少年理解网络价值内涵

"赋义"，是要在更深层次上进行网络价值教育，挖掘优秀传统文化中道德教育资源，使青少年能够正确认识和理解网络使用的价值和意义，把握网络伦理道德，自觉遵守网络行为规范。网络"赋义"，是一个长期的过程，需要通过家庭、学校和社会共同的教育引导，挖掘中华优秀传统文化中的道德要求和伦理规范，与社会主义核心价值观相结合，形成网络道德规范，深入青少年心中，内化为具体网络行为准则，培养其网络信息筛选、目的判别与意义建构的能力，从而使他们能够在纷繁复杂的网络环境中识别、剔除不良信息和无用的碎片化信息，在网络探索和使用的过程中发现内在的意义与自我成长的价值。

二、实施青少年网络素养个人能力提升行动计划，着力建设基于人工智能的个性化学习平台和体验式实践平台

青少年应认识到网络素养的重要性，将网络素养内化于心、外化于行，以达成安全、健康和高效使用网络的目标。建议实施青少年网络素养个人能力提升行动计划，着力建设基于人工智能的个性化学习平台和体验式实践平台。

（一）将网络作为学习平台，建设基于人工智能的个性化学习平台，发挥网络的正向价值

网络可以为青少年提供丰富的学习资源，在信息网络环境中，应发挥网络的正向价值，为青少年构建网络学习社区，更好地提升青少年的自身素质和能力。调查结果显示，青少年的网络技能熟练度对于网络素养具有显著影响，因此青少年应不断提高网络控制能力，使网络能够充分"为我所用"。互联网为使用者提供了其行动的主要条件和空间，青少年也可以根据自己关于互联网的知识结构和能力进行个性化学习，参与网络上关于社会话题的讨论，参加利于自己发展的网络团体，在公共领域累积更丰富的知识和行动经验，将网络作为学习的平台不断积累知识、提升自我。

（二）加强自我管理，提升互联网使用能力

一是保护信息和隐私安全，防范各项风险。青少年应该学习和了解网络安

全的相关知识，掌握基础的网络安全常识与问题处理能力，例如下载官方正版软件、软件杀毒等；要注意提高信息安全和隐私防范意识，特别在社交媒体、网上交易、需要填写个人账户密码或真实信息的情境中，要时刻戒备已知和未知的风险。面对自己既陌生又不能确定安全性的网络信息时，应告诉父母或重要监护人。

二是加强注意力管理，谨防网络成瘾。青少年正处在需要接收有益信息的关键时期，应该主动地将注意力放在与自己生活息息相关的高质量、高价值的信息上，避免迷失在复杂、开放、即时的信息环境中，形成注意力倾向的长期偏差，甚至影响正常生活。为了避免网络成瘾，青少年应主动构建起远离诱惑的环境，实现情境隔离；定期监测屏幕使用时间、手机打开次数等，形成注意力管理曲线；制定网络使用计划表并开始改变，通过规定的方式限制自己的使用时间，当阶段性地完成目标时给予自己奖励，直到养成新的习惯。

三是提升网络道德修养，遵守网络规范。在使用网络时，青少年会接收到海量的信息，应该学会辨别筛选，自觉抵制网络媒介中尤其是网络游戏中的不文明话语与暴力色情场景；培养理性上网的习惯，避免群体极化与认知偏见；尊重知识产权，不剽窃、盗用他人的知识成果或网络账号。青少年要更加审慎地对待网络信息和网络关系，对于低俗信息和违法信息要坚决予以抵制，对于来源不明或真相不清的信息理性看待，摒弃非黑即白的极端化思维，不盲从、不站队、不扣帽子，拒绝网络暴力，理性思考，就事论事。青少年要不断提升自身思想道德修养和增强法律意识，并把传统的道德范式、法律意识上升为道德习惯、道德信念和法律观念，规范网络行为，自觉遵守道德准则、规范。

四是提高网络信息分析与评价能力，学会批判性解读。通过互联网获取有效的信息并对信息进行鉴别与分析是互联网用户的一项必备技能。在当前的互联网环境下，青少年除了需要掌握必要的媒介技能以适应社会之外，还需要形成一定的信息分析与评价能力。学会批判地解读互联网媒介所传递的信息，包括理性对待网络广告、意识到网络所构建的是一个拟态环境、认真鉴别信息真伪、学会运用多种渠道对信息进行核实，从而与网络建立起良性互动关系。

（三）利用新技术提升信息搜索能力，建设体验式实践平台

搜索引擎在智能时代逐渐演变为生成式人工智能（AIGC）。生成式人工智能是指基于算法、模型、规则生成文本、图片、声音、视频、代码等内容的技术。ChatGPT是基于大型语言模型（Large Language Model，LLM）预训练的新型

生成式人工智能。[①] 生成式人工智能的变革性体现在三个方面：一是适用场景广泛，未设定明显的应用场景边界，可广泛服务于信息检索、社交互动、内容创作等多元使用动机；二是生成内容智能化、类人化，生成内容高度近似于人类的思维模式，输出内容体现连贯性与逻辑性；三是具备鲜明的对话式、社交式特征，可根据用户生成内容不断自我学习，具有与用户构建情感化社交关系的潜力，或可极大提升用户的使用体验。生成式人工智能有望成为下一代网络入口和超级媒介，[②] 信息搜索也将进入智能时代。面向未来，以 ChatGPT 为代表的聊天机器人将进一步深度介入人类传播行为的各种形态。

生成式人工智能是"真正可定制的 AI 伙伴"。2023 年，微软宣布支持将聊天机器人 ChatGPT（Chat Generative Pre-trained Transformer）的技术整合到最新版本的必应搜索引擎和 Edge 浏览器中，从而拉开了大型科技公司人工智能（AI）竞赛的序幕。通过与研发 ChatGPT 的 OpenAI 公司合作，必应会构建于一个新的大型语言模型上，比 ChatGPT 更强大。更新后的必应在传统搜索结果的右侧提供了一个带有注释的 AI 答案框。用户还可点击新出现的"聊天"标签，它将用一个类似于 ChatGPT 的聊天界面取代网页，搜索领域迎来了新的时代。ChatGPT 在自然语言处理技术上的进化升级，将为用户提供更直接有效的信息检索内容。ChatGPT 有助于打造下一代搜索引擎，如微软打造的新必应搜索（New Bing）在这方面已经走在了同行前列。[③]2023 年 5 月，OpenAI 公司宣布向所有 ChatGPT Plus 用户开放联网功能和众多插件。联网功能对 ChatGPT 来讲就好比潜入了"数字的海洋"，它可以获取最新数据、得知最新事件，并提供给用户更准确的答复。ChatGPT 插件是专门设计用于扩展 ChatGPT 功能的互联网连接工具。插件功能相当于给 ChatGPT 配备了一套工具箱，将更大范围地扩展其理解力、集成性和实用性。拥有更多插件的 ChatGPT 将不再只是一个健谈的 AI，而是一个多功能的 AI，将 ChatGPT 定位为"真正可定制的 AI 伙伴"。建设基于大模型的体验式学习平台是我们教育改革创新的必然趋势和客观需要。

---

① 喻国明，苏健威 . 生成式人工智能浪潮下的传播革命与媒介生态——从 ChatGPT 到全面智能化时代的未来 [J/OL]. 新疆师范大学学报（哲学社会科学版），2023，44（5）：81-90.

② 喻国明，苏健威 . 生成式人工智能浪潮下的传播革命与媒介生态——从 ChatGPT 到全面智能化时代的未来 [J/OL]. 新疆师范大学学报（哲学社会科学版），2023，44（5）：81-90.

③ 张洪忠，刘绍强 . 传播学视野中的 ChatGPT 技术逻辑 [N]. 中国社会科学报，2023-03-07（003）.

（四）提高主体意识，警惕数字压力

研究结果显示，青少年处于比较大的数字压力环境之下。在网络世界的探索过程中，青少年需要形成更加独立的自主意识，将网络内容为自己所用，而不是迷失在复杂的网络信息与关系中。个人可以制作每天或每周的上网计划，在上网前明确使用的目的、范围和时间，在搜索和利用信息时有明确的目标，不过分发散去浏览其他内容。在使用手机时，也要认识到手机的工具性，明白手机中的虚拟世界和社交关系只是现实世界的延续或投影，要立足现实，自己确定手机使用的时间和规范，不过度沉迷碎片化的信息和网络游戏。

青少年要更多地关注现实世界，加强与父母、朋友的交流，合理分配网络使用时间，减少对娱乐软件和网络游戏等应用的依赖。青少年要学会维护和开展自身的网络社交，认识到网络社交只是现实社交的一种延续，可以通过网络适度地展示自己、便利与朋友交往，而不要过分地看重或沉迷于网络聊天，也无须过度在意他人看法，提高身处于网络世界的主体性意识。

（五）正视网络功能，提高网络效能感

研究发现，青少年个人层面的因素基本上都会对个体的网络效能感水平形成显著的影响，因此，青少年应当正视网络带来的优势和弊端。虽然提高上网时长和网络熟练度可以有效地提升个体的网络效能感，但在实际情况下，也应当控制自身使用网络进行其他娱乐行为的频率。

青少年的网络压力多来自繁杂的信息堆砌，和与他人不同程度的互动或对比所带来的焦虑感，因此，对于青少年个体提升网络效能感的重中之重，应当是调节自身对于网络的态度，客观看待使用网络所产生的心理变化和情绪反应，多和父母、老师进行沟通，将心中的想法及时反馈，从而降低使用网络的不良情绪和对网络的负面态度。

（六）管理网络形象，提高网络印象管理能力

网络世界与真实世界交叠程度不断加深，青少年作为网生代，更多地通过网络平台分享生活、呈现自我、维系人际关系，在网络平台塑造、完善个人形象已成为其必备的网络素养。

数据结果显示，青少年网络印象管理的平均得分最低，因此，青少年在网络探索的过程中，要从自身出发，正确地认识自己、剖析自我，管理自己在网络中的形象；正确认识网络平台的双刃剑作用，具备批判精神、良好的思维、辩证与分析能力；充分发挥主观能动性，随着网络平台的迭代发展，不断提升自己使用

网络的能力，根据不同网络平台与各自受众的特点，选择合适的方式和内容进行创造、发布，学会利用不同策略维护、管理自己的网络印象。

三、实施青少年家庭网络素养教育计划，赋能家长的网络素养能力提升

家庭教育对青少年的成长起着潜移默化的作用。对于网络素养教育而言，一方面，以血缘为纽带的家庭教育具有独特的感染性优势，家长对孩子的性格特点、行为习惯、教育状况、思想动态等相对较了解，他们的教育引导更具针对性。另一方面，家长的上网习惯会对青少年的上网行为产生直接的影响。

（一）言传身教，提高自身网络素养水平

在网络素养的家庭教育方面，家长首先要提高自身的网络素养水平，如管理自己使用网络的时间、增强对网络信息的分析鉴别能力、客观认识网络的利与弊，不能在孩子与自己使用网络时区别对待，从而使孩子产生割裂或者家长双标的不信任感。对于孩子的上网行为，不能一味地采用禁止态度或认为网络是"洪水猛兽"，也不能对孩子的网络使用行为放任不管，要理性看待，学会换位思考，认识到孩子上网的原因和需求，合理引导。家长自己要在日常生活中做好表率，并主动学习和网络相关的一些知识，如新媒体的使用、网络隐私的管理、网络素养的内容等，从而更好地教育孩子。

父亲、母亲在家庭教育的过程中要有针对性地提高自身的网络素养水平，共同承担起陪伴青少年成长、发展的责任。在教育过程中，父母可以根据自己不同的角色定位进行差异化教育。调查结果显示，在中介效应的作用下，母亲学历对网络信息分析与评价的影响显著，母亲学历越高的青少年在网络信息分析与评价中的表现越好，因此母亲可以在网络信息分析与评价方面多给予正向影响，与父亲分工；共同帮助孩子提升网络素养。

（二）注重沟通，构建良好家庭氛围

调研数据显示，青少年与父母讨论网络内容的频率越高，网络素养越高；青少年与父母亲密程度越高，网络素养也越高；父母干预上网活动的频率越低，青少年网络素养越高：整体而言，家庭氛围越好，青少年网络素养越高；家庭氛围一般的青少年，网络素养相对较低。

家长对于中学生的教育和引导，应该在平等的语境下进行，学会换位思考，主动搭建起亲子沟通的平台，营造良好的家庭氛围，只有这样，孩子才愿意敞开心扉与家长交流，家长也能够更好地了解他们的思想动态与所遇问题，更好地帮

助孩子成长。家长要空出时间，多陪伴孩子读书或出去游玩，减少在孩子面前使用短视频类和游戏类等娱乐应用。对青少年的上网行为，建议父母报以宽容、理解的态度，养成与青少年平等讨论和分享的良好习惯，和孩子建立更有效的沟通方式，指导他们正确认识网络上的信息、内容和社交关系；给孩子更多的积极反馈、更多的任务和决定权，增加孩子的成就感。家长要多观察青少年使用网络的时间和状态，善于倾听孩子对网络行为的困惑。在尊重隐私的前提下，通过与孩子的沟通交流发现问题，如是否存在网络成瘾的现象，孩子是否缺乏相应的注意力管理能力等。

（三）安全上网，引导孩子鉴别网络信息

青少年作为数字原住民，对于信息缺少足够的鉴别能力，家长要培养孩子在信息整理、分类技巧以及辨别垃圾信息方面的能力，培养孩子正确的价值观，避免有害信息对青少年造成伤害。当孩子在上网过程中遇到有害信息时及时进行教育和引导，告知孩子这些信息可能产生的危害与风险，使孩子能够树立起安全上网的观念。

家长也要足够重视网络安全问题，并在日常生活中向孩子讲解网络安全的相关知识，包括避免泄露自己的真实信息、通过社交网络聊天时的注意事项等，密切关注孩子在网络上的隐私和权限设置，告知孩子哪些信息是可以被应用访问、哪些信息是禁止访问的，并帮助孩子在网络上设置安全的密码，定期检查网络中是否含有病毒和恶意软件等，防患于未然。

（四）文明上网，引导孩子正确参与网络互动

青少年拥有利用互联网进行自由表达、参与网络互动的权利。家长要指导孩子文明上网，合理地利用网络进行知识学习、信息获取、交流沟通与娱乐休闲，积极参加网络上一些规范的学习社群和兴趣小组；教导孩子注意上网规范，不传播未经核实的信息、不侮辱欺骗他人、不浏览不良信息、不发表极端言论、不盲从站队等。

印象管理作为网络素养的组成部分，是青少年网络互动的表现，家长应承担起榜样模范、陪伴引导的作用，教导孩子恰当利用网络为自己塑造良好形象，发现孩子在网络平台发布的内容不合时宜或有损自身形象时及时提醒制止；教导孩子网络世界同样需要遵守现实世界沟通的礼貌和准则，培养起孩子在网络互动中的同理心和尊重意识，避免孩子参与或者被卷入网络欺凌和网络暴力中。

（五）有效介入，适度干预孩子上网行为

对媒介信息的分析评价能力是网络素养的重要组成部分，它更侧重于信息的认知过程。在日常生活中，家长应关注孩子的网络体验，及时抓住对孩子进行网络素养教育的机会，指导他们正确认识网络上的信息，并帮助孩子分辨网络信息的真伪和价值。例如，当上网的过程中遇到网络广告时，家长可以与孩子进行讨论，包括这则网络广告是怎样运作的，为我们营造了一个怎样的环境，它为什么会让我们产生购买的欲望，等等，从而让他们成为理智的消费者。

参与孩子的网络生活也是避免孩子网络成瘾的有效手段。父母要适度干预青少年的上网行为，应采取多种形式和方法，多维度地介入，必要时可以制定科学的家庭上网规则，比如与孩子商量制订网络使用计划表，让孩子养成先完成学习任务再上网的习惯。

（六）共同学习，建设网络素养家长课堂

家庭教育是青少年网络素养教育中的重要一环，因此家长应树立起与孩子共同学习的观念，只有自身的网络素养不断提高，才能引导孩子更好地应对日益复杂的网络环境。对此，应建设起网络素养家长课堂，以指导父母加强青少年网络素养家庭教育。

建设网络素养家长课堂的具体措施可包括：政府牵头开办网络素养教育培训班，帮助家长指导孩子正确使用网络，着重培养孩子的鉴别力；大中小学举办线上网络素养教育讲座和研讨会，为学生家长提供讨论与分享如何指导孩子使用互联网的在线交流平台；高校与社会科研机构等共同开发定制家长网络素养教育课程与指导手册；政府与企业深度合作，鼓励互联网信息供应商开发并推广绿色家庭上网系统，帮助特定年龄群体过滤不良信息等。

四、构建青少年网络素养教育生态系统，发挥学校的主阵地作用

学校是教书育人的场所，也是青少年成长发展的主阵地，学校教育是媒介素养教育的基础和关键，没有一种教育方式可以与学校系统化、规模化、正规化的教育方式相提并论。信息科技课程是提升全体学生网络素养的主要途径，教材则是课程教学质量的保障。但目前，各地使用的教材版本众多，部分教材出版时间较早，加之课程内容偏重计算机相关操作，涉及学科科学性的内容偏少，同时各地设施设备差异也较大，尤其是西部边远地区的学校，基础教育条件还很差，这些都影响了人们对课程的正确认知，导致课程在各地的受重视程度差异极大，课程的育人目标较难得到很好实现。目前，我国中小学尚未形成统一的网络教育课程体系，以及有些学校尚未开展网络教育课程，课程设置、教学内容、师资培训、教学方式等都还有待加强。学校的网络素养教育中，网络行为规范知识、网络防沉迷知识、网络相关法律知识、信息网络安全知识等的学习需要尽快弥补短板。

（一）建立网络素养教育体系，明确网络使用规则

学校应明确学生的网络使用规则，让学生在潜移默化之中树立起遵守规则的意识，促进学生在校内外均能健康上网、文明上网和安全上网。规则应以国家的法律法规为蓝本，包括但不限于个人信息保护的注意事项、网络发布信息的具体规则、维护网络文明的方法、谨防网络诈骗的要求等，引导学生积极了解和掌握有关网络和社交媒体的法律法规，使学生自觉遵守并承担可能产生的法律后果，创造健康向上的网络使用氛围。

（二）完善相关课程设置，开设独立式或融入式课程

调研数据显示，学校是否有移动设备管理规定，青少年在网络技术、素养类课程中的收获程度，与同学讨论网络内容的频繁程度均对青少年网络素养有显著影响。目前，信息科技课程教育的主渠道作用没有得到彰显，商业公司通过参差不齐的教学内容、各类竞赛，诱导家长非理性教育消费。建议政府相关部门根据不同年龄阶段的学生，制定明确的网络素养能力要求，学校据此设立课程大纲与具体教学目标，开设网络素养教育的独立式课程或融入式课程。

现有学校网络课程的设置多聚焦于网络使用能力培养，在此基础上，应该适当增加网络行为规范、信息辨别、信息搜索与利用、网络安全、网络道德等知识的教学培养；注意网络素养教育的跨学科合作，可以将网络素养教育融入美育、思想道德等课程之中，通过融入式的课程教育提升青少年的网络素养；对于不断变化的网络世界，应适时革新信息技术课程，引入相关的网络概念、前沿网络技术等内容，例如可以在课程中讲解大数据的作用、5G 技术的意义、元宇宙的发展等；要重视网络素养课程的教学效果，建立多元化的课程评价体系，强调过程评价，注重评价的全面性与综合性。同时，学校也不应只局限于电脑端的教学，手机已经成为人们最常用的网络设备，建议学校也专门就智能手机的使用、注意事项、隐私保护等内容进行讲解，保证青少年能够在信息技术课程中真正学有所得、学有所用、学有所成，能够更理性、合理地认识网络、使用网络。除此之外，调研数据显示，年级对网络素养中的不同指标均有显著影响，因此学校要注

意不同学段青少年的网络素养特点，进行差异化教育。

具体的教学策略（如课程单元、课时安排等）需要进行媒介教育研究的专业部门以及教育学方面的专家在此次调查研究结果的基础上，根据不同地区与学校的具体情况进行共同商定。

（三）加强教师网络素养培训，使教师观念与时俱进

在网络素养教育体系建设中，教师处于第一线并且十分重要的位置上。多年来受各种因素影响，信息科技教师队伍整体专业化水平落后于其他学科教师，学科地位弱化，不少教师是来自其他学科的兼职教师。建议学校定期组织教师培训工作，提升教师的网络素养与心理疏导能力。同时，提升教师网络素养，不仅要对他们的网络观念、网络知识等进行培训，也要重视培训媒体应用方面的教学方法与教学能力。教师应积极探索和适应新时代的网络教学模式，在日常授课中，善于利用多种媒介形式授课，这既能够使课程生动有趣，也能够利用丰富的网络资源充实课程内容，还能够为中学生营造网络学习环境，帮助他们提前接触和适应网络。

教师应积极主动帮助学生提升适应和辨析网络的能力，可以就网络中的学生最常接触到的社交媒体、游戏、广告等的生产制作流程，以及制作团队的意图、目的为学生进行客观和理智的分析，让他们对网络保持谨慎和开放心态，更加理性地看待自身接触到的媒介环境。教师还可以通过召开主题班会的形式，就网络游戏的成瘾机制、网络社交的注意事项等为学生进行分析，让他们保持更加审慎的态度，理性看待媒介环境与网络应用。教育相关部门应编写教师网络素养指导手册，帮助教师提升网络素养与教学能力，使教师能够更好地指导学生正视网络、使用网络，也能够在学生遇到网络问题时帮助学生排解压力、解决问题。

（四）尊重学生主体性，将理论教学与实践锻炼紧密结合

网络素养不仅是一种技能技巧，更是一种思维方式和行为习惯。为了培养起正确的思维方式与行为习惯，需要长时间的实践。学校要形成课内与课外、理论与实践紧密结合的多渠道、多形式的网络素养教育和引导机制，不仅要将网络素养知识融入相关课堂教学，还要兼顾理论学习和实践应用，帮助学生学以致用，使青少年能够将知识建构、技能培养与思维发展融入运用数字化工具解决问题过程中，体验知识的社会性建构。

在教学过程中，要尊重学生的主体性和独立性，结合其思想、学习和生活的实际情况，引导学生自我培育。同时要注重实践锻炼，将网络素养教育置于一定

的媒介情境之中，在实践中深化学生对知识的理解，从而使其有意识地对网络行为进行自我管理和约束。

（五）引入第三方力量，发挥社会大课堂作用

数据显示，青少年所在地区、户口类型的差异对其网络素养不同指标有所影响，这种差异的改善更需要社会的参与，学校要积极引入社会、媒体、社区、企业、公益组织等第三方力量，开展媒体进校园、进课堂、进社团等系列活动。同时，鼓励青少年进行参与式、交流式、拓展式的媒介体验和社会实践活动，使网络素养教育得以突破小小的一方校园。

五、政府完善法制、监管与社会保障制度，为青少年创建风清气正的网络空间

政府对于统筹协调网络素养发展全局发挥着至关重要的作用，应不断健全相关法律法规，组织各个部门，建立起网络综合管理模式，为青少年创建风清气正的网络空间，促进下一代的健康成长。

（一）推行网络素养教育政策，提供制度保障

目前，我国仍未建立起网络素养教育统一机制，这使得学校、家庭在教育时缺乏依据和抓手。政府相关部门应充分发挥组织协调功能，推行切实有效的网络素养教育政策，可以借鉴西方发达国家关于青少年网络素养教育的经验，在制度和政策制定方面进行规范，此为解决青少年乃至全民网络素养教育问题的最根本途径。同时，教育部门也要制定相应的学校网络素养教育政策，提供该类学科与教材建设的理论指导意见，尤其需要制定青少年网络素养的培养标准，明晰青少年网络素养的能力标准，以此为基础积极引导学校进行网络素养教育课程设置等创新性教学改革。另外，除了培养未成年人的安全上网意识外，还应全面提升包括未成年人、监护人和学校教师等在内的大众网络素养教育水平，建议尽快研究制定"全民网络素养"规划，通过提高公众整体网络素养，帮助青少年正确认识、使用互联网。

（二）加速网络法治建设，实现有效监管

针对"网络素养的培养与提升"这一解决青少年相关网络问题的关键，目前我国已有政策与规定中仍较为缺乏。政府相关部门须加速网络法治建设，不断完善相应的法律法规，让公共网络管理切实做到有法可依、有法必依，做到执法必严、违法必究，坚决抵制暴力、色情等多种不良网络信息，重拳打击隐私泄露与网络诈骗等违法行为，为青少年营造文明、和谐、清朗的网络空间。

同时，相关部门应研究并推广青少年网络保护机制，建立标准明确的"青少年网络内容准入"体系，严厉打击传播暴力色情等有害信息、宣传低俗媚俗网络文化、煽动网络群体对立、散播网络谣言、在网络空间对青少年实施伤害的违法犯罪行为；采取专门的行政手段、技术手段正本清源，第一时间将对未成年人有害的信息进行拦截、屏蔽和清除。

（三）推动城乡未成年人更加公平地使用互联网，弥补数字鸿沟

我国未成年人基本实现"无人不网"，显著高于全国互联网普及率，未成年人使用互联网的主要问题已经从"如何用上"变为"如何用好"。在这种情况下，提升农村未成年人网络素养就成了下一阶段重要工作目标。推动改善未成年人以休闲娱乐为主要上网需求的现状，结合未成年人兴趣特点，开发寓教于乐、互动性强、适合未成年人使用的应用，推动未成年人对互联网的认知从"玩具"向"工具"转变。强化学校对于未成年人上网技能方面的实用性教育，结合学校实际情况，加强未成年人对信息搜索、文档编辑、音视频剪辑、基础编程等技能的学习应用，同时，积极拓展人工智能等网络新技术的认知教育。加强农村地区，特别是留守儿童集中地区中小学网络常识、网络技能、网络规范、网络安全等方面的教育，帮助农村未成年人善用网络，真正助力学习生活和发展。

（四）成立网络健康指导委员会，推动实施网络健康计划

成立各级各类网络健康指导委员会，旨在协调政府各部门资源推动网络健康计划，处理网络不良信息。委员会可提倡互联网企业和社会公共部门共同合作开展网络健康项目，如通过建立种子基金的方式，用以：（1）建立专业的青少年网络素养研培机构，向网络素养缺失的青少年及其家庭和学校提供专业性服务；（2）鼓励和支持开展青少年网络素养的基础和应用研究；（3）建立青少年网络素养提升与干预专业网站，向有需要的青少年、家庭和学校提供各种在线服务。各级各类网络健康指导委员会应协助并支持互联网企业以及社会相关组织，为青少年及其家长举办网络素养教育项目，项目应属于非营利性质，以最大范围地促进受众网络素养的提升。

六、互联网平台形成行业自律与行业规范，落实主体责任

在青少年网络素养的培育过程中，互联网平台和传媒企业必须落实主体责任，重视青少年网络安全以及青少年网络素养提升，切实履行自律自查规范，兼顾社会效益与经济效益，探索如何利用数字技术为青少年打造健康友好的网络环境。

（一）严格落实国家法律规定

2020 年 10 月，国家修订了《中华人民共和国未成年人保护法》并已在 2021 年 6 月 1 日开始实施，对互联网企业在青少年网络素养培养中所担责任及具体要求做了明确规定。其中提出：网络产品和服务提供者不得向未成年人提供诱导其沉迷的产品和服务；网络游戏、网络直播、网络音视频、网络社交等网络服务提供者应当针对未成年人使用其服务设置相应的时间管理、权限管理、消费管理等功能；网络游戏服务提供者应当按照国家有关规定和标准，对游戏产品进行分类，作出适龄提示，并采取技术措施，不得让未成年人接触不适宜的游戏或者游戏功能；网络游戏服务提供者应当建立、完善预防未成年人沉迷网络游戏的游戏规则，对可能诱发未成年人沉迷网络游戏的游戏规则进行技术改造，等等。2021 年 8 月 30 日，国家新闻出版署下发了《关于进一步严格管理切实防止未成年人沉迷网络游戏的通知》，进一步限制了向未成年人提供网络游戏服务的时间，所有网络游戏企业仅可在周五、周六、周日和法定节假日每日 20 时至 21 时向未成年人提供 1 小时网络游戏服务；严格落实网络游戏用户账号实名注册和登录要求，所有网络游戏必须接入国家新闻出版署网络游戏防沉迷实名验证系统。

针对国家下发的一系列法律法规，许多传媒企业积极履行企业责任，落实相关规定，在一定程度上起到了引导和保护的作用。例如，腾讯、网易等游戏厂商推进防沉迷新规在旗下游戏中的落实，在游戏中加入未成年人防沉迷系统，帮助孩子控制网络游戏时间，达到了一定成效。传媒企业应不断提升针对青少年的网络保护能力，依据相关法律法规，进一步完善保护机制与监管体系，从设计根源防止青少年网络成瘾。

（二）加强网络信息内容生态治理

调研发现，部分媒体平台的青少年模式仍充斥着色情暴力等低俗内容，对青少年的身心健康有极大的危害。网络信息内容服务平台企业应当履行信息内容管理主体责任，加强本平台网络信息内容生态治理，培育积极健康、向上向善的网络文化。《网络信息内容生态治理规定》鼓励网络信息内容服务平台开发适合未成年人使用的模式，提供适合未成年人使用的网络产品和服务，便利未成年人获取有益身心健康的信息。网络信息内容服务平台是网络信息内容传播服务的提供者，应当重点建立网络信息内容生态治理机制，增强社会责任感，弘扬正能量，反对违法信息，防范和抵制不良信息；制定本平台网络信息内容生态治理细则；健全平台未成年人保护制度，重点应当建立和完善用户注册、账号管理、应急处置和网络谣言、黑色产业链信息处置等制度。传媒企业应做到有效监管，积极配合政府监管部门，构建有利于青少年网络素养提升的行业规则，从源头为青少年创造安全健康的网络环境。

（三）进一步优化未成年人模式

目前仍有许多孩子企图利用规定的漏洞绕开监管，进行违规游戏登录、直播打赏等行为。针对"未成年人模式"存在的漏洞，平台应该进一步优化功能设置，提高未成年人身份识别的准确性，增强未成年人保护的有效性。

在加强监管、清理内容的基础上，互联网平台还应该推进管理理念创新，积极丰富青少年模式的内容与形式，促使孩子们从根上认同和喜爱青少年模式。传媒平台应充分认识到，"未成年人模式"不应只是管住、守住孩子，而是服务好青少年这一特殊群体，还应让其成为传递知识、培养兴趣的学习渠道。平台设置需要考虑受众的身心特点和需求，进一步丰富和细化平台供给的内容池，为青少年提供的内容能够匹配他们的年龄和需求，兼顾娱乐性与教育性，打造更多青少年喜闻乐见的内容，在媒介传播中服务于网络素养教育的要求，帮助青少年真正获得成长。

（四）加强网络素养科普教育

帮助青少年提升网络素养是传媒企业义不容辞的社会责任，目前来看，传媒企业主动开展的科学普及和教育学习活动相对较少，没有积极落实传媒企业的主体责任。对此，传媒企业应加强网络素养科普教育，主动"走出去""引进来"，积极开展具有多元互动、参与体验沉浸式的科学普及和开放教育以及志愿服务活动，开放优质科学教育活动和资源，设置和完善"开放日"活动，让青少年走进传媒企业，揭开"神秘面纱"，解构互联网游戏，建立科学的游戏观；通过"走出去"，加强与传媒、专业科普组织合作，及时普及重大科技成果，开展传媒企业进校园、进课堂、进社团等系列活动，同时鼓励青少年进行参与式、交流式、拓展式的媒介体验和社会实践活动，使青少年在社会实践活动中获得观念和认知上的提升。

七、集结社会各界力量共同促进青少年网络素养提升，构建多方协同机制

青少年网络素养的提升需要全社会的重视与参与，社会各界应从全社会的长远利益出发，充分发挥各自的职能，共同为构建良性、健康的网络文化氛围而不断努力。

（一）社会组织联合企业开展青少年网络素养项目、计划、活动等

中国互联网发展基金会的乡村青少年网络素养加油站项目、腾讯家长服务园地、阿里巴巴的松果公益等，均是以社会力量提升青少年网络素养的有力手段。但目前存在的问题是单点成绩突出、普遍性成就不足，过于依靠互联网龙头企业与专业青少年教育组织。因此，下一步需要依靠政府牵头，动员以互联网企业为代表的全体社会组织，加强对青少年网络素养教育的重视，开展青少年网络素养项目，推动实施绿色网络健康计划，完善适用于青少年网络素养水平衡量的测评体系，研制关于青少年网络素养培养的家长行动指南，提供热线咨询、指导、评价和预警服务；设立青少年网络素养公益教育基金，研制数字时代全民网络素养教育规划和行动计划，以线下或线上的具体形式将青少年网络素养教育切实落地，营造全社会重视和提升网络素养的现实环境；开展青少年网络素养教育公益活动，投放"未成年人网络素养"公益课程，赋能青少年网络素养；通过与教育机构、中小学合作，开展"未成年人网络创作大赛"，在参与创造中提升网络素养，树立正确的网络价值观。

（二）青少年网络素养教育基地建设提高普及性和规范性

青少年网络素养教育基地是直接提升当地青少年网络素养水平的强效手段，如浙江、安徽等省近年来通过网络素养基地的建设，均积累了丰富的青少年网络素养教育经验。目前，国内各地已有不少青少年网络素养教育基地处于建设过程之中，但从整体来讲仍存在供小于求的问题，因此需进一步加强各地基地建设的普及性，从立法部门、政府、司法部门或社会机构，聘请青少年保护社会监督专家，为青少年网络素养提升提供专业保护；组建网络素养提升志愿服务队并设立相关岗位，完善青少年网络素养提升机制，推进基地建设专业化、规范化、常态化发展。在加速建设的同时，一定要严守科学化、规范化的教育原则，强化基地建设审核与监管标准，杜绝违法违规类社会机构的出现。

（三）大众传媒发挥正向引导功能，促成良好传播效果

大众传媒具有舆论导向、道德引领、教育大众的功能，对于青少年网络素养的塑造具有重要意义，必须发挥其引导作用。目前，媒体以网络成瘾的危害和个别严重案例为主要报道内容，实际上大量有关成瘾行为的研究已经证明，只强调行为的危害对于改变人们的成瘾行为效果甚微，仅聚焦于网络成瘾也不利于多维度网络素养水平的提升。媒介组织应与网络素养相关学术机构合作，基于科研成果开展全面、科学的新闻宣传和报道，加大有关网络对促进青少年发挥积极作用

的报道力度，引导青少年积极关注和使用网络的正向功能。

　　具体而言，针对青少年网络素养教育，新闻媒体可以聚焦中小学开展网络素养知识传播活动，或者以当前的网络热点问题作为切入口开设互动平台，在和师生的深度互动交流中潜移默化地渗透网络素养教育。而校园媒体则可以利用校园网、广播台、校刊等渠道，开展网络素养教育普及与宣传，借助校园媒体受众群体稳定的特点和优势，打造良好的校园教育宣传环境，力争促成"润物细无声"的传播与引导效果。此外，社交媒体平台上的意见领袖、网络红人也都具有广泛的社会影响力和粉丝流量，对于青少年群体的价值选择与判断具有巨大的引导作用。因此，意见领袖和网络红人们自身的网络素养和价值观倾向至关重要，这要求他们在网络发布相关言论时，必须承担起与自身影响力相匹配的引导责任，遵守网络道德规范，积极倡导正能量的社会舆论。此外，具体到每一位网络用户，也应该加强自身的网络素养建设，给青少年以健康的价值观指引，传递正能量，形成风清气正、健康和谐的网络环境。

附录 1

北京市青少年网络素养现状分析报告

提升全民网络素养水平是顺应数字时代要求、促进人的全面发展、实现网络强国的必由之路。未成年人是"数字原住民"的组成部分，网络已经深度融入他们学习、生活的方方面面，影响着他们对自我和社会的认知，影响着他们世界观、人生观和价值观的养成。随着网络日益成为未成年人获取知识的重要渠道，网络素养促进也成为未成年人网络保护的重要任务。

基于认知行为理论和调查研究，课题组认为网络素养是基于网络空间的认知和行为能力，并首创了青少年 Sea-ism 网络素养框架，将青少年网络素养分为六大模块六个表现维度进行调研，该模型共 15 个指标，通过 60 个题项进行测量。

上网注意力管理能力与目标定位（Online attention management）；

网络信息搜索与利用能力（Ability to search and utilize network information）；

网络信息分析与评价能力（Ability to evaluate network information）；

网络印象管理能力（Ability of network impression management）；

网络安全与隐私保护（Ability of network security）；

网络价值认知和行为（Ability of Internet morality）。

一、总体状况

（一）研究方法和总体得分情况

本次研究主要采用整群抽样调查的方式。以 192 所分布在我国不同省级行政区的中学作为样本框。再根据各学校的实际情况，从每一所学校随机抽取初中和高中不同年级一个班的学生，组成本研究的实际调查对象。最终全国样本覆盖 31 个省、自治区、直辖市，来自四年级到高三的九个年级，以确保问卷数据的代表性。本次问卷调查采用纸质版问卷与电子版问卷结合的方式，收回纸质版问卷

499份，电子版问卷23600份，共计收回问卷24099份。将收回问卷中有题目未作答及无效样本剔除后，最终确定有效问卷22858份，问卷调查研究的有效率为94.9%。

经过信度和效度检测，青少年网络素养整体的克隆巴赫Alpha指数为0.905，信度较好；巴特利特球形度检验相应的概率的显著性为0.000，小于0.05，因而可以认为相关系数的矩阵与单位阵有显著性差异；KMO的值为0.970，大于0.6，原有的变量具有较好的研究效度。（见表附录1-1、1-2）

表附录1-1　青少年网络素养整体可靠性分析

可靠性分析	
克隆巴赫 Alpha	项数
0.905	60

表附录1-2　青少年网络素养整体KMO和巴特利特检验

KMO 和巴特利特检验		
KMO 取样适切性量数		0.970
巴特利特球形度检验	近似卡方	818320.283
	自由度	1770
	显著性	0.000

在全国样本中，北京市青少年网络素养调查共回收有效问卷2565份，性别方面，男生有1301人，占比50.7%；女生1264人，占比49.3%。年级方面，四年级学生90人，占比3.5%；五年级学生10人，占比0.4%；六年级学生8人，占比0.3%；初一学生857人，占比33.4%；初二学生736人，占比28.7%；初三学生100人，占比3.9%；高一学生414人，占比16.1%；高二学生341人，占比13.3%；高三学生5人，占比0.2%，其他年级学生4人，占比0.2%。户口类型方面，城市户口青少年2309人，占比90.0%；农村户口青少年256人，占比10.0%。（见表附录1-3）

表附录 1-3 北京市青少年网络素养样本构成

变量	变量分类	样本数	有效百分比（%）
性别	男	1301	50.7
	女	1264	49.3
年级	四年级	90	3.5
	五年级	10	0.4
	六年级	8	0.3
	初一	857	33.4
	初二	736	28.7
	初三	100	3.9
	高一	414	16.1
	高二	341	13.3
	高三	5	0.2
	其他	4	0.2
户口	城市	2309	90.0
	农村	256	10.0
总计		2565	100.0

调查显示，北京市青少年网络素养整体得分为 3.84 分（满分 5 分），高于全国总体水平 0.21 分。其中，网络价值认知和行为的平均得分最高（4.28 分），高于全国 0.27 分；网络印象管理的平均得分最低（2.61 分），低于全国 0.32 分；网络信息与隐私保护（4.24 分）、网络信息搜索与利用（4.07 分）、上网注意力管理（3.97 分）、网络信息分析与评价（3.88 分）均高于全国平均得分，分别高出 0.38 分、0.43 分、0.18 分、0.30 分。（见图附录 1-1）

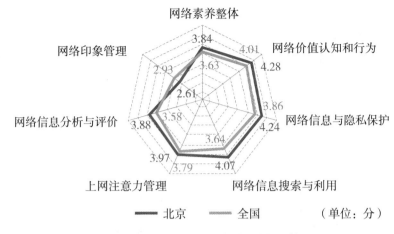

图附录 1-1　青少年网络素养总体得分情况

（二）回归模型

回归模型显示，个人属性中的性别、年级、每天的平均上网时长，家庭属性中的青少年的父母学历、与父母亲密程度，学校属性中的青少年在网络课程收获程度、与同学讨论网络内容的频率，对北京市青少年网络素养有显著影响。（见表附录 1-4）

表附录 1-4　北京市青少年综合网络素养回归模型

	模型 1	模型 2	模型 3
性别	0.076***	0.079***	0.074***
年级	−0.076***	−0.080***	−0.044*
户口	−0.059**	−0.030	−0.037
上网时长	−0.252***	−0.220***	−0.172***
父亲学历		0.066*	0.113***
母亲学历		−0.036	−0.026
家庭收入		0.061**	0.029
与父母讨论网络内容频率		0.008	0.000
与父母亲密程度		0.161***	0.117***
网络课程收获程度			0.184***
与同学讨论网络内容频率			−0.039
R 方 SIG 值	调整后的 R 方为 8.3% SIG=0.000	调整后的 R 方为 11.5% SIG=0.000	调整后的 R 方为 12.4% SIG=0.000

注：* 代表 5% 显著性水平，** 代表 1% 显著性水平，*** 代表 0.1% 显著性水平

（三）个人属性影响因素分析

回归模型显示：性别、年级和上网时长对北京市青少年网络素养有显著影响。

1. 女生网络素养相对较好，但男生与女生的网络素养均高于全国总体水平。
（见图附录1-2）

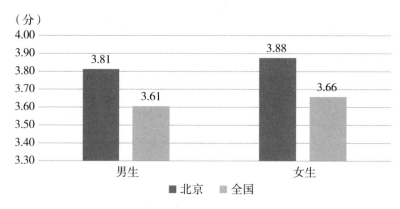

图附录1-2　性别影响因素分析

2. 初中生网络素养水平优于高中生；除高三学生外，各年级学生网络素养均高于全国总体水平。（见图附录1-3）

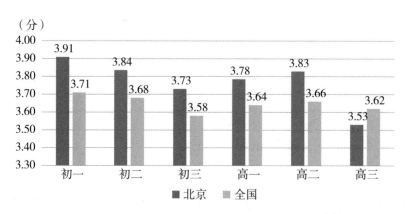

图附录1-3　年级影响因素分析

3. 随着每天平均上网时间增长，青少年网络素养水平逐渐下降；不同上网时长的青少年网络素养均高于全国总体水平。（见图附录1-4）

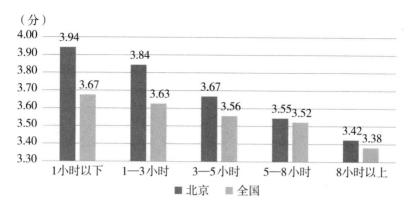

图附录 1-4 上网时长影响因素分析

（四）家庭属性影响因素分析

在家庭属性中，青少年父母学历及青少年与父母亲密程度对北京市青少年的网络素养有显著影响。

1. 父亲学历为研究生及以上的青少年网络素养最高，父亲学历为初中的青少年网络素养最低；不同父亲学历的青少年网络素养均高于全国总体水平。（见图附录 1-5）

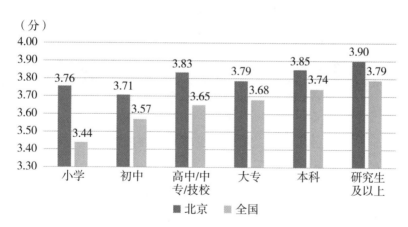

图附录 1-5 父亲学历影响因素分析

2. 母亲学历为研究生及以上的青少年网络素养最高，母亲学历为初中的青少年网络素养最低；不同母亲学历的青少年网络素养均高于全国总体水平。（见图附录 1-6）

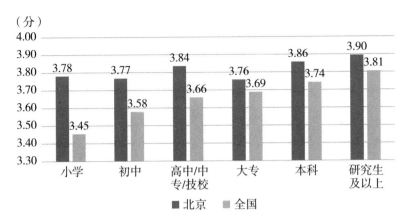

图附录 1-6 母亲学历影响因素分析

3.青少年与父母亲密程度越深，青少年网络素养越高；不同与父母亲密程度的青少年网络素养均高于全国总体水平。（见图附录 1-7）

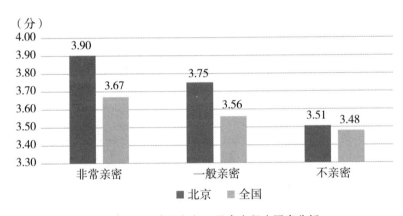

图附录 1-7 青少年与父母亲密程度因素分析

（五）学校属性影响因素分析

学校属性中，网络课程收获程度以及与同学讨论网络内容频率对北京市青少年网络素养有显著影响。

1.青少年在网络课程中的收获越大，其网络素养相对越高；不同收获程度的青少年网络素养均高于全国总体水平。（见图附录 1-8）

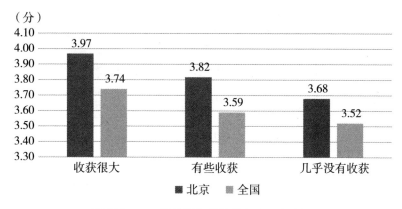

图附录 1-8　网络课程的收获程度因素分析

2. 有时会与同学讨论网络内容的青少年网络素养最高，几乎不与同学讨论网络内容的青少年网络素养最低；不同与同学讨论网络内容频率的青少年网络素养均高于全国总体水平。（见图附录 1-9）

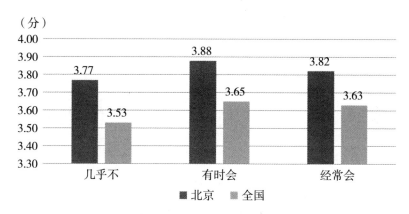

图附录 1-9　青少年与同学讨论网络内容频率因素分析

二、个人、家庭、学校等属性对青少年网络素养的影响分析

（一）个人属性对六个维度的影响分析

1. 性别对六个维度的影响分析

北京市女生在上网注意力管理、网络信息与隐私保护和网络价值认知和行为方面表现相对较好，男生在网络印象管理方面表现相对较好。（见图附录 1-10）

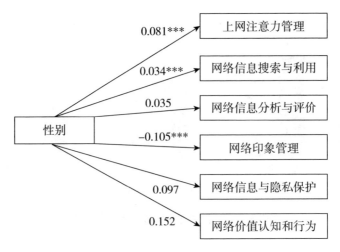

图附录 1-10　性别对六个维度的影响分析

2. 年级对六个维度的影响分析

上网注意力管理、网络信息搜索与利用随北京市青少年年级升高而降低。（见图附录 1-11）

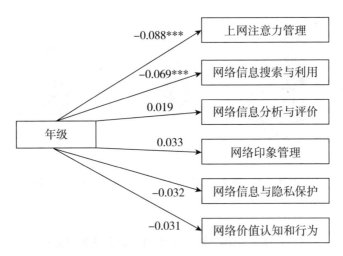

图附录 1-11　年级对六个维度的影响分析

3. 户口对六个维度的影响分析

北京市城市户口学生在网络信息分析与评价、网络信息与隐私保护方面表现较好。（见图附录 1-12）

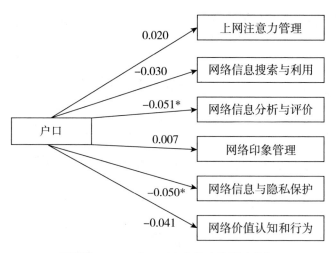

图附录 1-12　户口对六个维度的影响分析

4. 每天上网时长对六个维度的影响分析

每天平均上网时间越长的北京市青少年，在上网注意力管理、网络信息分析与评价、网络印象管理、网络信息与隐私保护和网络价值认知和行为方面表现相对较差。（见图附录 1-13）

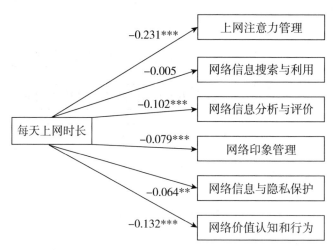

图附录 1-13　每天上网时长对六个维度的影响分析

（二）家庭属性对六个维度的影响分析

1. 父亲学历对六个维度的影响分析

北京市青少年父亲的学历越高，其在网络信息搜索与利用、网络信息分析与

评价、网络信息与隐私保护、网络价值认知和行为四个维度表现越好。（见图附录 1–14）

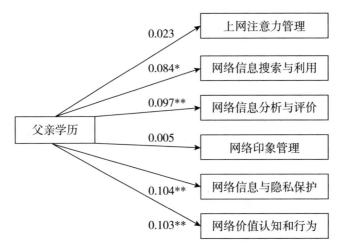

图附录 1–14　父亲学历对六个维度的影响分析

2. 母亲学历对六个维度的影响分析

北京市青少年母亲的学历越高，其在上网注意力管理方面表现越好。（见图附录 1–15）

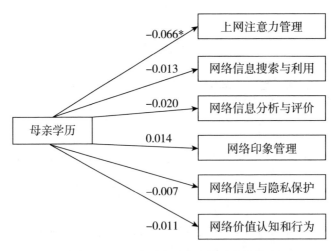

图附录 1–15　母亲学历对六个维度的影响分析

3. 家庭收入对六个维度的影响分析

家庭收入越高，北京市青少年在上网注意力管理、网络信息搜索与利用方面

表现越好，而家庭收入越低，青少年在网络印象管理方面表现越好。（见图附录1-16）

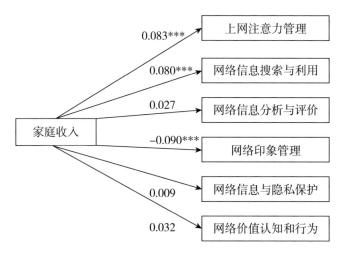

图附录 1-16 家庭收入对六个维度的影响分析

4. 与父母讨论网络内容频率对六个维度的影响分析

与父母讨论网络内容越频繁的北京市青少年，在网络信息搜索与利用方面表现越好。（见图附录1-17）

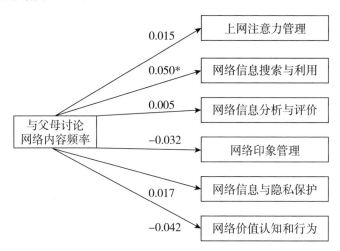

图附录 1-17 与父母讨论网络内容频率对六个维度的影响分析

5. 与父母亲密程度对六个维度的影响分析

北京市青少年与父母越亲密，在上网注意力管理、网络信息分析与评价、网

络信息与隐私保护和网络价值认知和行为方面表现越好。（见图附录1-18）

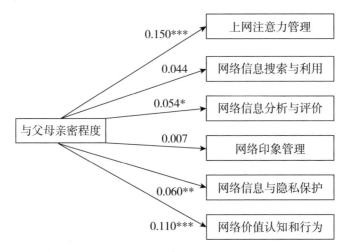

图附录1-18　与父母亲密程度对六个维度的影响分析

（三）学校属性对六个维度的影响分析

1. 网络素养、技能课程收获对六个维度的影响分析

北京市青少年在网络素养、技能课程上收获越大，在上网注意力管理、网络信息搜索与利用、网络信息分析与评价、网络信息与隐私保护、网络价值认知和行为五个维度表现越好，但在网络印象管理维度表现越差。（见图附录1-19）

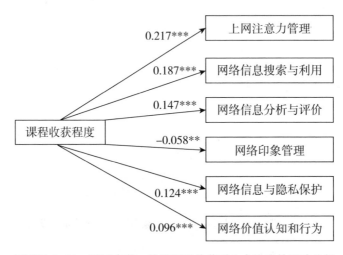

图附录1-19　网络素养、技能课程收获对六个维度的影响分析

2. 与同学讨论网络内容频率对六个维度的影响分析

越经常与同学讨论网络内容的北京市青少年，在网络信息搜索与利用、网络信息分析与评价、网络信息与隐私保护三个维度表现越好，但在上网注意力管理、网络印象管理、网络价值认知和行为三个维度表现越差。（见图附录 1-20）

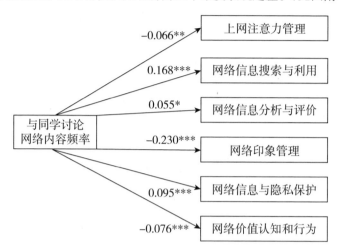

图附录 1-20 与同学讨论网络内容频率对六个维度的影响分析

（四）网络素养对六个维度的影响分析

网络素养越高的北京市青少年，在上网注意力管理、网络信息搜索与利用、网络信息分析与评价、网络价值认知和行为、网络信息与隐私保护五个维度表现越好，但在网络印象管理维度表现越差。（见图附录 1-21）

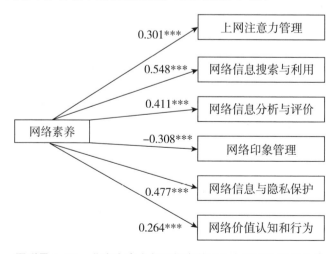

图附录 1-21 北京市青少年网络素养对六个维度的影响分析

（五）网络成瘾对六个维度的影响分析

网络成瘾程度越低的北京市青少年，在上网注意力管理、网络信息搜索与利用、网络信息分析与评价、网络印象管理、网络信息与隐私保护、网络价值认知和行为六个维度表现越好。（见图附录1-22）

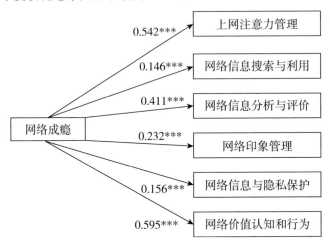

图附录1-22　北京市青少年网络成瘾对六个维度的影响分析

（六）心理韧性对六个维度的影响分析

心理韧性越强的北京市青少年，在上网注意力管理、网络信息搜索与利用、网络信息分析与评价、网络价值认知和行为、网络信息与隐私保护五个维度表现越好，但在网络印象管理维度表现越差。（见图附录1-23）

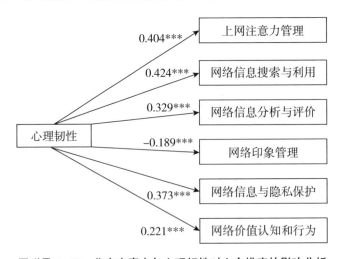

图附录1-23　北京市青少年心理韧性对六个维度的影响分析

三、个人、家庭、学校属性对六个维度各项指标的影响分析

（一）得分情况

1. 上网注意力管理能力

在北京市青少年上网注意力管理能力方面，网络使用认知能力得分（4.42分）最高，网络情感控制能力（3.79分）次之，网络行为控制能力（3.71分）最差；但各指标得分均高于全国总体水平，其中网络使用认知高于全国0.34分，网络行为控制高于全国0.12分，网络情感控制高于全国0.09分。这说明青少年在上网注意力管理能力的培养方面，要着重提高其网络行为控制能力，特别是线上行为控制能力，除此之外，网络情感控制作为行为的辅助因素也需要被注意，而网络使用认知方面也需要被继续关注。（见表附录1-5、图附录1-24）

表附录1-5　北京市青少年上网注意力管理能力指标体系得分

（单位：分）

维度	一级指标	得分（五分制）
上网注意力管理能力	网络使用认知	4.42
	网络情感控制	3.79
	网络行为控制	3.71

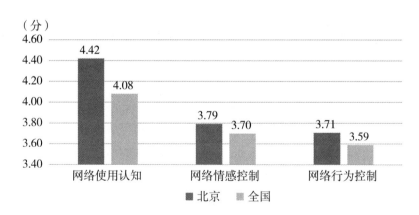

图附录1-24　青少年上网注意力管理能力指标体系得分（五分制）

2. 网络信息搜索与利用能力

在北京市青少年网络信息搜索与利用能力中，网络信息搜索与分辨能力（4.28分）较好，优于保存信息和利用信息取得理想效果的能力（3.87分）；信息搜索与分辨能力高于全国0.45分，信息保存与利用能力高于全国0.43分。信

息利用能力亟待提升，它是信息搜索和整合能力的目标所在。提高青少年信息保存与利用的能力，是培养信息搜索与利用能力的关键。（见表附录1-6、图附录1-25）

表附录1-6　北京市青少年网络信息搜索与利用能力指标体系得分

（单位：分）

维度	一级指标	得分（五分制）
网络信息搜索与利用能力	信息搜索与分辨	4.28
	信息保存与利用	3.87

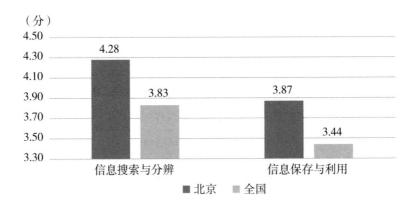

图附录1-25　青少年网络信息搜索与利用能力指标体系得分（五分制）

3. 网络信息分析与评价能力

分析发现，在北京市青少年网络信息分析与评价能力方面，对信息的辨析和批判能力（4.10分）得分较高，对网络的主动认知和行动能力（3.66分）较差；信息的辨析和批判高于全国0.65分，网络的主动认知和行为低于全国0.04分。这说明，青少年在网络信息分析与评价能力的培养方面，要着重提高其对信息的辨析和批判能力。（见表附录1-7、图附录1-26）

表附录1-7　北京市青少年网络信息分析与评价能力指标体系得分

（单位：分）

维度	一级指标	得分（五分制）
网络信息分析与评价能力	信息的辨析和批判	4.10
	网络的主动认知和行为	3.66

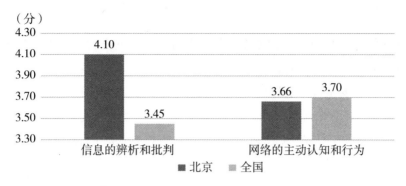

图附录 1-26　青少年网络信息分析与评价能力指标体系得分（五分制）

4. 网络印象管理能力

北京市青少年网络印象管理能力中，自我宣传和形象期望的能力得分较高，迎合他人和社交互动的能力得分较低；各指标得分均低于全国总体水平，其中迎合他人低于全国 0.47 分，社交互动低于全国 0.33 分，自我宣传低于全国 0.25 分，形象期望低于全国 0.23 分。这说明，青少年在网络环境中能够合理进行自我宣传，对网络虚拟形象塑造的期望较低，但会在一定程度上依赖网络进行社交。（见表附录 1-8、图附录 1-27）

表附录 1-8　北京市青少年网络印象管理能力指标体系得分

（单位：分）

维度	一级指标	得分（五分制）
网络印象管理能力	迎合他人	2.46
	社交互动	2.42
	自我宣传	2.78
	形象期望	2.77

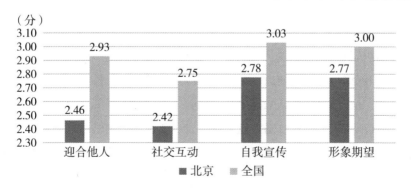

图附录 1-27　青少年网络印象管理能力指标体系得分（五分制）

5. 网络信息与隐私保护

在网络信息与隐私保护方面，北京市青少年的安全行为及隐私保护意识（4.36 分）高于安全感知及隐私关注意识（4.13 分）；安全感知及隐私关注高于全国 0.45 分，安全行为及隐私保护高于全国 0.32 分。这说明，青少年在使用网络的过程中，在意识到隐私被侵犯时，具备保护自我隐私安全的素养，但对互联网环境中存在的信息安全隐患缺乏辨别能力，需要加强关注与网络信息安全相关的法律法规，提高网络安全感知能力。（见表附录 1-9、图附录 1-28）

表附录 1-9　北京市青少年网络信息与隐私保护指标体系得分

（单位：分）

维度	一级指标	得分（五分制）
网络信息与隐私保护	安全感知及隐私关注	4.13
	安全行为及隐私保护	4.36

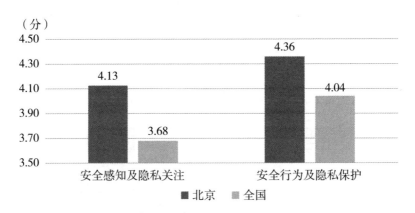

图附录 1-28　青少年网络信息与隐私保护指标体系得分（五分制）

6. 网络价值认知和行为

在网络价值认知和行为方面，北京市青少年的网络暴力认知能力（4.40 分）得分最高，网络行为规范能力（4.21 分）得分相对较低；各指标得分均高于全国总体水平，其中网络规范认知高于全国 0.44 分，网络暴力认知高于全国 0.22 分，网络行为规范高于全国 0.15 分。这说明，青少年在使用网络的过程中，展现出更多的社交责任感和理性判断能力，但仍需要加强网络规范认知。（见表附录 1-10、图附录 1-29）

表附录 1–10 北京市青少年网络价值认知和行为指标体系得分

（单位：分）

维度	一级指标	得分（五分制）
网络价值认知和行为	网络规范认知	4.24
	网络暴力认知	4.40
	网络行为规范	4.21

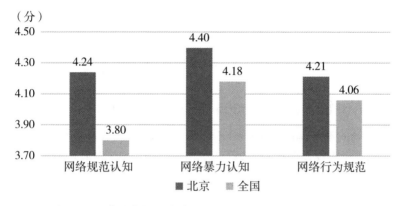

图附录 1–29 青少年网络价值认知和行为指标体系得分（五分制）

（二）个人影响因素分析

1. 性别

（1）性别对上网注意力管理中的网络情感控制有显著影响。

女生的网络情感控制能力明显高于男生，F=48.597，SIG=0.000，差异显著；男生和女生的网络情感控制能力得分均高于全国总体水平。（见表附录 1–11、图附录 1–30）

表附录 1–11 不同性别青少年网络情感控制差异性检验

因变量：网络情感控制						
	平方和	自由度	均方	F	显著性	偏 Eta 平方
对比	43.722	1	43.722	48.597	0.000	0.019
误差	2304.991	2562	0.900			

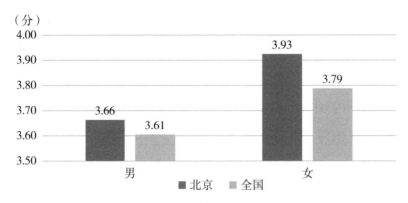

图附录 1-30　不同性别青少年网络情感控制得分（五分制）

（2）性别对网络信息搜索与利用中的信息保存与利用有显著影响。

女生的信息保存与利用能力高于男生，F=5.910，SIG=0.015，差异显著；男生和女生的信息保存与利用能力得分均高于全国总体水平。（见表附录 1-12、图附录 1-31）

表附录 1-12　不同性别青少年信息保存与利用差异性检验

因变量：信息保存与利用					
	平方和	自由度	均方	F	显著性	偏 Eta 平方
对比	3.933	1	3.933	5.910	0.015	0.002
误差	1705.156	2562	0.666			

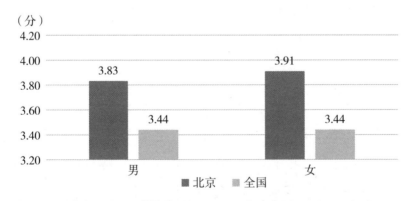

图附录 1-31　不同性别青少年信息保存与利用得分（五分制）

（3）性别对网络信息分析与评价中的网络的主动认知和行为有显著影响。

女生对网络的主动认知和行为能力明显高于男生，F=5.674，SIG=0.017，差异显著；男生和女生对网络的主动认知和行为得分均高于全国总体水平。（见表附录 1–13、图附录 1–32）

表附录 1–13　不同性别青少年网络的主动认知和行为差异性检验

	平方和	自由度	均方	F	显著性	偏 Eta 平方
因变量：网络的主动认知和行为						
对比	2.787	1	2.787	5.674	0.017	0.002
误差	1259.173	2563	0.491			

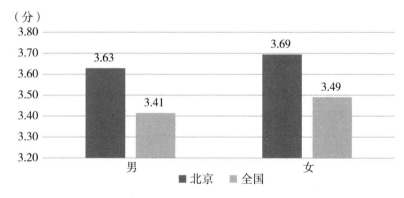

图附录 1–32　不同性别青少年网络的主动认知和行为得分（五分制）

（4）不同性别之间的网络印象管理中的迎合他人和自我宣传有显著差异。

男生的迎合他人倾向高于女生，F=7.054，SIG=0.008，差异显著；男生和女生迎合他人得分均低于全国总体水平。（见表附录 1–14、图附录 1–33）

表附录 1–14　不同性别青少年迎合他人差异性检验

	平方和	自由度	均方	F	显著性	偏 Eta 平方
因变量：迎合他人						
对比	11.253	1	11.253	7.054	0.008	0.003
误差	4088.441	2563	1.595			

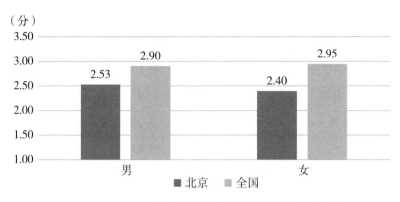

图附录 1-33　不同性别青少年迎合他人得分（五分制）

男生利用社交媒体进行自我宣传的倾向高于女生，F=120.354，SIG=0.000，差异显著；男生和女生自我宣传得分均低于全国总体水平。（见表附录 1-15、图附录 1-34）

表附录 1-15　不同性别青少年自我宣传差异性检验

因变量：自我宣传						
	平方和	自由度	均方	F	显著性	偏 Eta 平方
对比	145.945	1	145.945	120.354	0.000	0.045
误差	3107.984	2563	1.213			

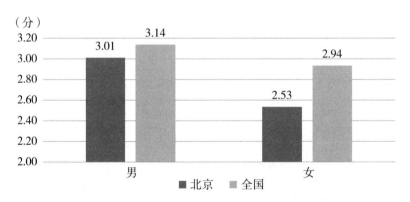

图附录 1-34　不同性别青少年自我宣传得分（五分制）

（5）不同性别之间的网络信息与隐私保护中的安全感知及隐私关注和安全行为及隐私保护两个指标均有显著差异。

女生的网络安全感知及隐私关注水平高于男生，F=12.164，SIG=0.000，差异显著；男生和女生安全感知及隐私关注得分均高于全国总体水平。（见表附录1-16、图附录1-35）

表附录1-16 不同性别青少年安全感知及隐私关注差异性检验

因变量：安全感知及隐私关注					
	平方和	自由度	均方	F	显著性	偏 Eta 平方
对比	8.807	1	8.807	12.164	0.000	0.005
误差	1855.575	2563	0.724			

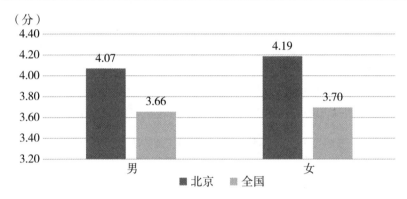

图附录1-35 不同性别青少年安全感知及隐私关注得分（五分制）

女性青少年的安全行为及隐私保护能力高于男性，F=27.504，SIG=0.000，差异显著；男性和女性青少年安全行为及隐私保护能力均高于全国总体水平。（见表附录1-17、图附录1-36）

表附录1-17 不同性别青少年安全行为及隐私保护差异性检验

因变量：安全行为及隐私保护					
	平方和	自由度	均方	F	显著性	偏 Eta 平方
对比	16.756	1	16.756	27.504	0.000	0.011
误差	1561.475	2563	0.609			

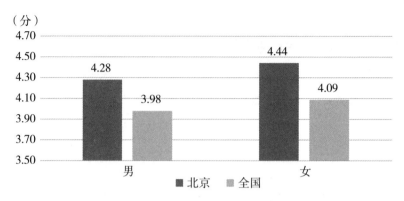

图附录 1-36　不同性别青少年安全行为及隐私保护得分（五分制）

（6）不同性别之间的网络价值认知和行为中的网络规范认知、网络暴力认知和网络行为规范指标得分均有显著差异。

女生的网络规范认知水平高于男生，F=30.045，SIG=0.000，差异显著；男生和女生网络规范认知得分均高于全国总体水平。（见表附录 1-18、图附录 1-37）

表附录 1-18　不同性别青少年网络规范认知差异性检验

	因变量：网络规范认知					
	平方和	自由度	均方	F	显著性	偏 Eta 平方
对比	20.332	1	20.332	30.045	0.000	0.012
误差	1734.420	2563	0.677			

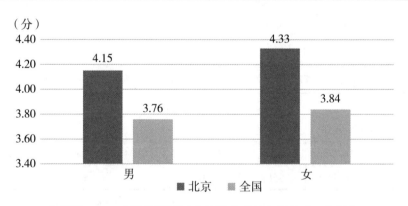

图附录 1-37　不同性别青少年网络规范认知得分（五分制）

女生的网络暴力认知水平高于男生，F=55.234，SIG=0.000，差异显著；男生和女生网络暴力认知得分均高于全国总体水平。（见表附录 1-19、图附录 1-38）

表附录 1-19 不同性别青少年网络暴力认知差异性检验

因变量：网络暴力认知					
	平方和	自由度	均方	F	显著性	偏 Eta 平方
对比	54.670	1	54.670	55.234	0.000	0.021
误差	2536.816	2563	0.990			

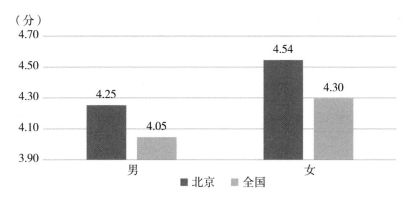

图附录 1-38 不同性别青少年网络暴力认知得分（五分制）

女生的网络行为规范水平高于男生，F=17.835，SIG=0.000，差异显著；男生和女生网络行为规范得分均高于全国总体水平；（见表附录 1-20、图附录 1-39）

表附录 1-20 不同性别青少年网络行为规范差异性检验

因变量：网络行为规范					
	平方和	自由度	均方	F	显著性	偏 Eta 平方
对比	20.961	1	20.961	17.835	0.000	0.007
误差	3012.165	2563	1.175			

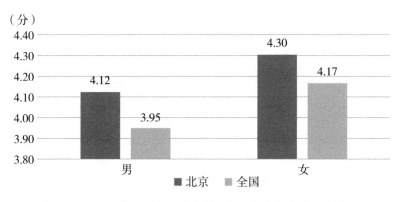

图附录 1-39 不同性别青少年网络行为规范得分（五分制）

2. 年级

（1）年级对上网注意力管理中的三个指标均有显著影响。

初中生的网络使用认知能力整体高于高中生，F=11.500，SIG=0.000，差异显著；初中生和高中生网络使用认知得分均高于全国总体水平。（见表附录1-21、图附录1-40）

表附录1-21　不同年级青少年网络使用认知差异性检验

	因变量：网络使用认知					
	平方和	自由度	均方	F	显著性	偏 Eta 平方
对比	49.676	9	5.520	11.500	0.000	0.039
误差	1225.834	2554	0.480			

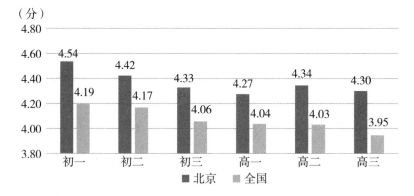

图附录1-40　不同年级青少年网络使用认知得分（五分制）

初中生的网络情感控制能力整体高于高中生，F=9.466，SIG=0.000，差异显著；除初二、高二和高三学生外，其余年级学生网络情感控制得分均高于全国总体水平。（见表附录1-22、图附录1-41）

表附录1-22　不同年级青少年网络情感控制差异性检验

	因变量：网络情感控制					
	平方和	自由度	均方	F	显著性	偏 Eta 平方
对比	75.816	9	8.424	9.466	0.000	0.032
误差	2272.897	2554	0.890			

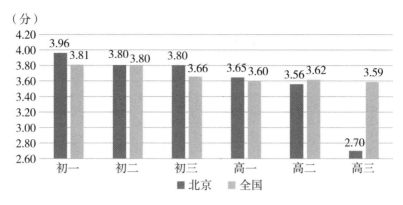

图附录1-41　不同年级青少年网络情感控制得分（五分制）

初中生的网络行为控制能力整体高于高中生，F=15.714，SIG=0.000，差异显著；各年级学生网络行为控制得分均高于全国总体水平。（见表附录1-23、图附录1-42）

表附录1-23　不同年级青少年网络行为控制差异性检验

因变量：网络行为控制					
	平方和	自由度	均方	F	显著性	偏 Eta 平方
对比	154.904	9	17.212	15.714	0.000	0.052
误差	2796.296	2553	1.095			

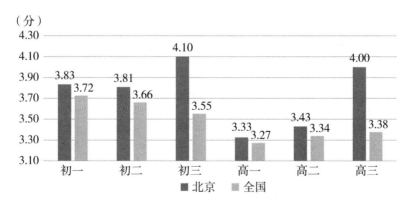

图附录1-42　不同年级青少年网络行为控制得分（五分制）

（2）不同年级对网络信息搜索与利用中的信息搜索与分辨和信息保存与利用均有显著差异。

初一学生的信息搜索与分辨能力最好，初中生的信息搜索与分辨能力整体更高，F=9.632，SIG=0.000，差异显著；各年级学生的信息搜索与分辨得分均高于全国总体水平。（见表附录1-24、图附录1-43）

表附录1-24　不同年级青少年信息搜索与分辨差异性检验

因变量：信息搜索与分辨					
	平方和	自由度	均方	F	显著性	偏 Eta 平方
对比	44.644	9	4.960	9.632	0.000	0.033
误差	1315.287	2554	0.515			

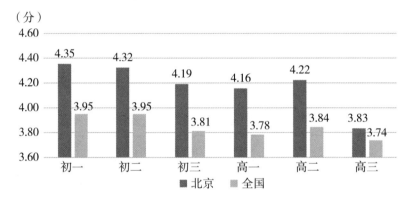

图附录1-43　不同年级青少年信息搜索与分辨得分（五分制）

初中生的信息保存与利用能力整体更高，F=2.801，SIG=0.003，差异显著；各年级学生信息保存与利用得分均高于全国总体水平。（见表附录1-25、图附录1-44）

表附录1-25　不同年级青少年信息保存与利用差异性检验

因变量：信息保存与利用					
	平方和	自由度	均方	F	显著性	偏 Eta 平方
对比	16.702	9	1.856	2.801	0.003	0.010
误差	1692.387	2554	0.663			

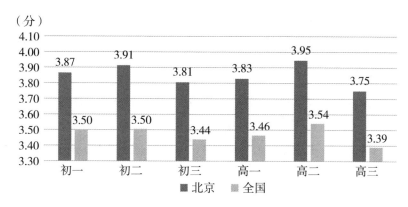

图附录 1-44 不同年级青少年信息保存与利用得分（五分制）

（3）不同年级对网络信息分析与评价中的信息的辨析和批判与网络的主动认知和行为指标得分有显著差异。

不同年级学生对信息的辨析和批判不同，高二年级学生的信息的辨析和批判能力最强，高中生对网络信息更具批判思维，F=7.115，SIG=0.000，差异显著；各年级学生的信息的辨析和批判得分均高于全国总体水平。（见表附录 1-26、图附录 1-45）

表附录 1-26 不同年级青少年信息的辨析和批判差异性检验

因变量：信息的辨析和批判					
	平方和	自由度	均方	F	显著性	偏 Eta 平方
对比	38.760	9	4.307	7.115	0.000	0.024
误差	1546.458	2555	0.605			

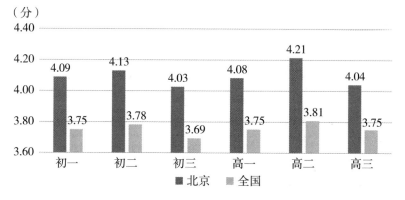

图附录 1-45 不同年级青少年信息的辨析和批判得分（五分制）

高中生对网络的主动认知和行为能力整体更高，F=3.061，SIG=0.001，差异显著；各年级学生网络的主动认知和行为得分均高于全国总体水平。（见表附录1-27、图附录1-46）

表附录1-27　不同年级青少年网络的主动认知和行为差异性检验

因变量：网络的主动认知和行为					
	平方和	自由度	均方	F	显著性	偏 Eta 平方
对比	13.460	9	1.496	3.061	0.001	0.011
误差	1248.501	2555	0.489			

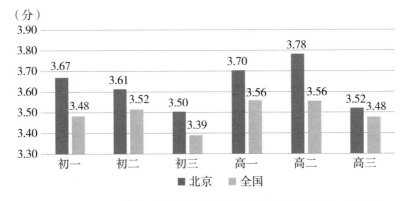

图附录1-46　不同年级青少年网络的主动认知和行为得分（五分制）

（4）不同年级青少年网络印象管理中的迎合他人、社交互动、自我宣传、形象期望四个指标得分均有显著差异。

不同年级青少年利用社交网络进行迎合他人的倾向不同，F=6.685，SIG=0.000，差异显著；各年级青少年迎合他人得分均低于全国总体水平。（见表附录1-28、图附录1-47）

表附录1-28　不同年级青少年迎合他人差异性检验

因变量：迎合他人					
	平方和	自由度	均方	F	显著性	偏 Eta 平方
对比	94.314	9	10.479	6.685	0.000	0.023
误差	4005.381	2555	1.568			

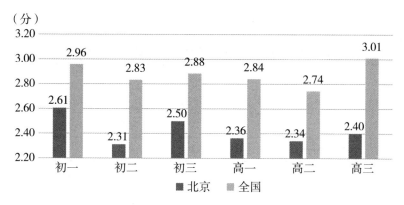

图附录 1-47　不同年级青少年迎合他人得分（五分制）

不同年级青少年利用社交网络进行互动的程度不同，F=3.845，SIG=0.000，差异显著；各年级青少年社交互动得分均低于全国总体水平。（见表附录 1-29、图附录 1-48）

表附录 1-29　不同年级青少年社交互动差异性检验

因变量：社交互动					
	平方和	自由度	均方	F	显著性	偏 Eta 平方
对比	43.553	9	4.839	3.845	0.000	0.013
误差	3215.393	2555	1.258			

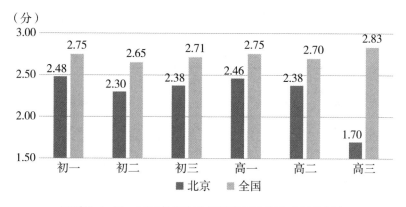

图附录 1-48　不同年级青少年社交互动得分（五分制）

不同年级青少年利用社交网络进行自我宣传的倾向不同，初中生相对好于高中生，F=10.149，SIG=0.000，差异显著；各年级青少年自我宣传得分均低于全国

总体水平。（见表附录1-30、图附录1-49）

表附录1-30　不同年级青少年自我宣传差异性检验

因变量：自我宣传					
	平方和	自由度	均方	F	显著性	偏Eta平方
对比	112.314	9	12.479	10.149	0.000	0.035
误差	3141.615	2555	1.230			

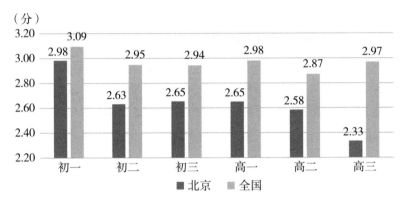

图附录1-49　不同年级青少年自我宣传得分（五分制）

不同年级青少年利用社交网络塑造形象期望的程度不同，F=3.632，SIG=0.000，差异显著；各年级青少年形象期望得分均低于全国总体水平。（见表附录1-31、图附录1-50）

表附录1-31　不同年级青少年形象期望差异性检验

因变量：形象期望					
	平方和	自由度	均方	F	显著性	偏Eta平方
对比	34.962	9	3.885	3.632	0.000	0.013
误差	2733.068	2555	1.070			

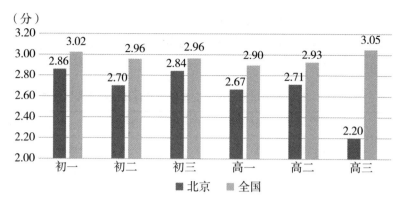

图附录1-50 不同年级青少年形象期望得分（五分制）

（5）不同年级学生的网络信息与隐私保护中的两个指标安全感知及隐私关注和安全行为及隐私保护得分均有显著差异。

高中生的网络安全感知及隐私关注高于初中生，F=11.451，SIG=0.000，差异显著；各年级青少年安全感知及隐私关注得分均高于全国总体水平。（见表附录1-32、图附录1-51）

表附录1-32 不同年级青少年安全感知及隐私关注差异性检验

因变量：安全感知及隐私关注					
	平方和	自由度	均方	F	显著性	偏 Eta 平方
对比	72.285	9	8.032	11.451	0.000	0.039
误差	1792.097	2555	0.701			

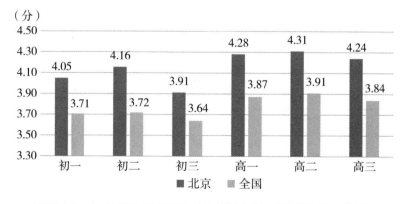

图附录1-51 不同年级青少年安全感知及隐私关注得分（五分制）

初中生的安全行为及隐私保护能力高于高中生，F=8.066，SIG=0.000，差异显著；各年级青少年安全行为及隐私保护得分均高于全国总体水平。（见表附录1-33、图附录1-52）

表附录1-33　不同年级青少年安全行为及隐私保护差异性检验

因变量：安全行为及隐私保护					
	平方和	自由度	均方	F	显著性	偏 Eta 平方
对比	43.601	9	4.845	8.066	0.000	0.028
误差	1534.630	2555	0.601			

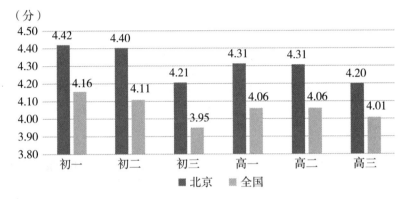

图附录1-52　不同年级青少年安全行为及隐私保护得分（五分制）

（6）不同年级学生的网络价值认知和行为中的网络规范认知、网络暴力认知和网络行为规范指标得分有显著差异。

初中生的网络规范认知能力整体高于高中生，F=6.841，SIG=0.000，差异显著；各年级青少年网络规范认知得分均高于全国总体水平。（见表附录1-34、图附录1-53）

表附录1-34　不同年级青少年网络规范认知差异性检验

因变量：网络规范认知					
	平方和	自由度	均方	F	显著性	偏 Eta 平方
对比	41.292	9	4.588	6.841	0.000	0.024
误差	1713.459	2555	0.671			

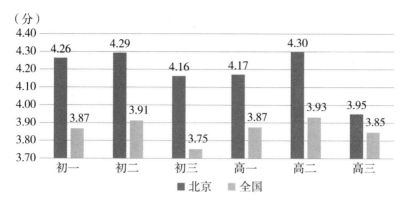

图附录1-53 不同年级青少年网络规范认知得分（五分制）

初一学生的网络暴力认知能力最高，F=6.924，SIG=0.000，不同年级之间差异显著；初三和高三学生网络暴力认知得分低于全国总体水平，其余年级均高于全国总体水平。（见表附录1-35、图附录1-54）

表附录1-35 不同年级青少年网络暴力认知差异性检验

因变量：网络暴力认知					
	平方和	自由度	均方	F	显著性	偏 Eta 平方
对比	61.702	9	6.856	6.924	0.000	0.024
误差	2529.784	2555	0.990			

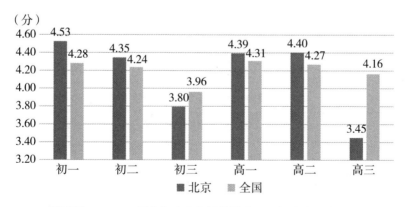

图附录1-54 不同年级青少年网络暴力认知得分（五分制）

初中生的网络行为规范整体高于高中生，F=6.174，SIG=0.000，差异显著；初三和高三学生网络行为规范得分低于全国总体水平，初二学生和全国总体水平

一样，其余年级均高于全国总体水平。（见表附录1-36、图附录1-55）

表附录1-36　不同年级青少年网络行为规范差异性检验

因变量：网络行为规范					
	平方和	自由度	均方	F	显著性	偏Eta平方
对比	64.565	9	7.174	6.174	0.000	0.021
误差	2968.561	2555	1.162			

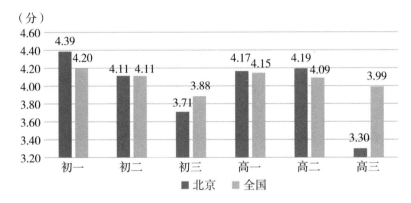

图附录1-55　不同年级青少年网络行为规范得分（五分制）

3. 户口

（1）户口类型对上网注意力管理中的网络行为控制指标得分有显著影响。

农村户口青少年的网络行为控制明显高于城市户口的青少年，F=5.953，SIG=0.015，差异显著；城市户口青少年网络行为控制得分高于全国总体水平，农村户口青少年明显高于全国总体水平。（见表附录1-37、图附录1-56）

表附录1-37　不同户口类型青少年网络行为控制差异性检验

因变量：网络行为控制					
	平方和	自由度	均方	F	显著性	偏Eta平方
对比	6.844	1	6.844	5.953	0.015	0.002
误差	2944.356	2561	1.150			

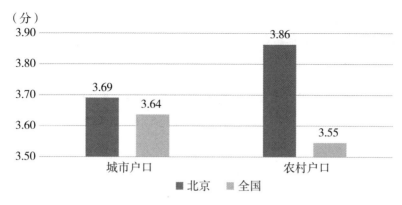

图附录 1-56　不同户口类型青少年网络行为控制得分（五分制）

（2）户口类型对网络信息搜索与利用中的信息搜索与分辨、信息保存与利用两个指标均有显著影响。

城市户口青少年的信息搜索与分辨能力高于农村户口青少年，F=7.318，SIG=0.007，差异显著；城市和农村户口青少年信息搜索与分辨得分均高于全国总体水平。（见表附录 1-38、图附录 1-57）

表附录 1-38　不同户口类型青少年信息搜索与分辨差异性检验

因变量：信息搜索与分辨					
	平方和	自由度	均方	F	显著性	偏 Eta 平方
对比	3.873	1	3.873	7.318	0.007	0.003
误差	1356.058	2562	0.529			

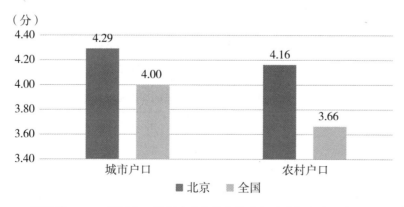

图附录 1-57　不同户口类型青少年信息搜索与分辨得分（五分制）

城市户口青少年信息保存与利用能力高于农村户口青少年，F=6.083，SIG=0.014，差异显著；城市和农村户口青少年信息保存与利用得分均高于全国总体水平。（见表附录1-39、图附录1-58）

表附录1-39　不同户口类型青少年信息保存与利用差异性检验

	平方和	自由度	均方	F	显著性	偏 Eta 平方
因变量：信息保存与利用						
对比	4.048	1	4.048	6.083	0.014	0.002
误差	1705.041	2562	0.666			

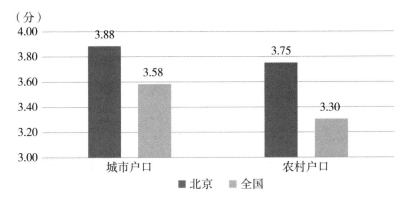

图附录1-58　不同户口类型青少年信息保存与利用得分（五分制）

（3）户口类型对网络信息分析与评价中的信息的辨析和批判与网络的主动认知和行为指标得分有显著影响，且城市户口的青少年对信息的辨析和批判能力以及网络的主动认知和行为均高于农村户口的青少年。

对信息的辨析和批判，F=6.903，SIG=0.009，差异显著；城市和农村户口青少年信息的辨析和批判得分均高于全国总体水平。（见表附录1-40、图附录1-59）

表附录1-40　不同户口类型青少年信息的辨析和批判差异性检验

	平方和	自由度	均方	F	显著性	偏 Eta 平方
因变量：信息的辨析和批判						
对比	4.258	1	4.258	6.903	0.009	0.003
误差	1580.961	2563	0.617			

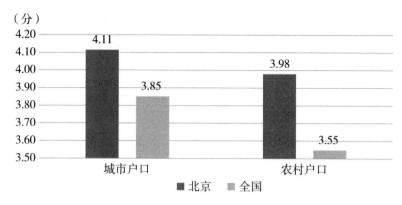

图附录 1-59 不同户口类型青少年信息的辨析和批判得分（五分制）

网络的主动认知和行为，F=10.880，SIG=0.001，差异显著；城市和农村户口青少年对网络的主动认知和行为得分均高于全国总体水平。（见表附录 1-41、图附录 1-60）

表附录 1-41 不同户口类型青少年网络的主动认知和行为差异性检验

因变量：网络的主动认知和行为					
	平方和	自由度	均方	F	显著性	偏 Eta 平方
对比	5.334	1	5.334	10.880	0.001	0.004
误差	1256.626	2563	0.490			

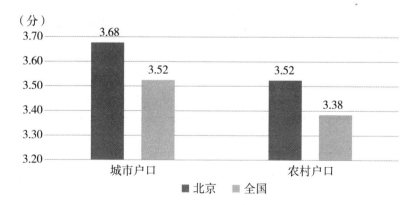

图附录 1-60 不同户口类型青少年网络的主动认知和行为得分（五分制）

（4）户口类型对网络印象管理各指标均无显著影响。

（5）户口类型对网络信息与隐私保护中的两个指标均有显著影响。

城市户口青少年的安全感知及隐私关注能力高于农村青少年，F=27.551，SIG=0.000，差异显著；城市和农村户口青少年安全感知及隐私关注得分均高于全国总体水平。（见表附录1-42、图附录1-61）

表附录1-42　不同户口类型青少年安全感知及隐私关注差异性检验

因变量：安全感知及隐私关注						
	平方和	自由度	均方	F	显著性	偏 Eta 平方
对比	19.828	1	19.828	27.551	0.000	0.011
误差	1844.554	2563	0.720			

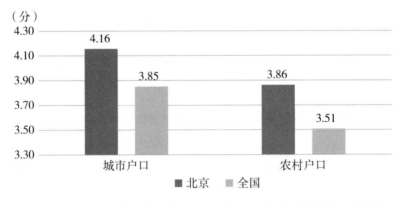

图附录1-61　不同户口类型青少年安全感知及隐私关注得分（五分制）

城市户口青少年的安全行为及隐私保护能力高于农村青少年，F=3.858，SIG=0.050，差异显著；城市和农村户口青少年安全行为及隐私保护得分均高于全国总体水平。（见表附录1-43、图附录1-62）

表附录1-43　不同户口类型青少年安全行为及隐私保护差异性检验

因变量：安全行为及隐私保护						
	平方和	自由度	均方	F	显著性	偏 Eta 平方
对比	2.372	1	2.372	3.858	0.050	0.002
误差	1575.859	2563	0.615			

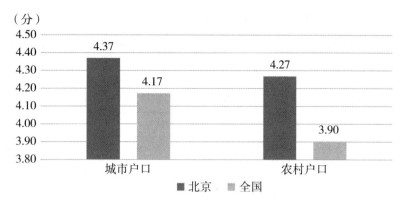

图附录 1-62 不同户口类型青少年安全行为及隐私保护得分（五分制）

（6）户口类型对网络价值认知和行为中的网络规范认知、网络暴力认知和网络行为规范水平有显著影响，且城市户口的青少年高于农村户口的青少年。

城市户口青少年网络规范认知能力高于农村户口青少年，F=4.435，SIG=0.035，差异显著；城市和农村户口青少年网络规范认知得分均高于全国总体水平。（见表附录 1-44、图附录 1-63）

表附录 1-44 不同户口类型青少年网络规范认知差异性检验

因变量：网络规范认知						
	平方和	自由度	均方	F	显著性	偏 Eta 平方
对比	3.031	1	3.031	4.435	0.035	0.002
误差	1751.720	2563	0.683			

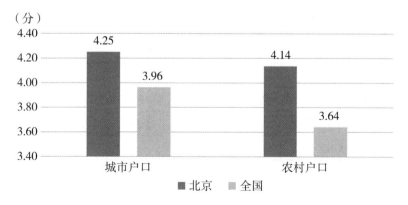

图附录 1-63 不同户口类型青少年网络规范认知得分（五分制）

城市户口青少年网络暴力认知能力高于农村户口青少年，F=19.749，SIG=0.000，差异显著；城市和农村户口青少年网络暴力认知得分均高于全国总体水平。（见表附录1-45、图附录1-64）

表附录1-45　不同户口类型青少年网络暴力认知差异性检验

因变量：网络暴力认知						
	平方和	自由度	均方	F	显著性	偏 Eta 平方
对比	19.816	1	19.816	19.749	0.000	0.008
误差	2571.670	2563	1.003			

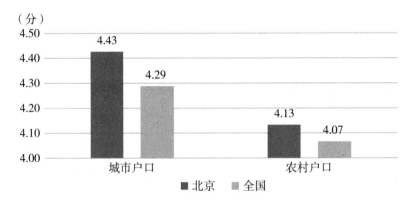

图附录1-64　不同户口类型青少年网络暴力认知得分（五分制）

城市户口青少年网络行为规范能力高于农村户口青少年，F=15.247，SIG=0.000，差异显著；城市和农村户口青少年网络行为规范得分均高于全国总体水平。（见表附录1-46、图附录1-65）

表附录1-46　不同户口类型青少年网络行为规范差异性检验

因变量：网络行为规范						
	平方和	自由度	均方	F	显著性	偏 Eta 平方
对比	17.938	1	17.938	15.247	0.000	0.006
误差	3015.188	2563	1.176			

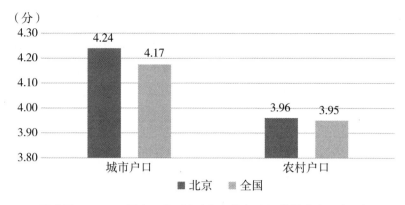

图附录 1-65 不同户口类型青少年网络行为规范得分（五分制）

4. 上网时长

（1）上网时长对上网注意力管理中的网络使用认知、网络情感控制和网络行为控制三个指标均有显著影响。

上网时长越长的青少年网络使用认知得分越低，F=44.526，SIG=0.000，差异显著；除每天上网时长在 8 小时以上的青少年外，其余上网时长青少年网络使用认知得分均高于全国总体水平。（见表附录 1-47、图附录 1-66）

表附录 1-47 不同上网时长的青少年网络使用认知差异性检验

	因变量：网络使用认知					
	平方和	自由度	均方	F	显著性	偏 Eta 平方
对比	82.997	4	20.749	44.526	0.000	0.065
误差	1192.513	2559	0.466			

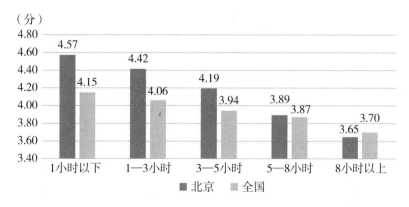

图附录 1-66 不同上网时长的青少年网络使用认知得分（五分制）

上网时长越长的青少年网络情感控制得分越低，F=31.073，SIG=0.000，差异显著；上网时长在1小时以下、1—3小时和8小时以上的青少年网络情感控制得分高于全国总体水平，上网时长在3—5小时和5—8小时的青少年得分低于全国总体水平。（见表附录1-48、图附录1-67）

表附录1-48　不同上网时长的青少年网络情感控制差异性检验

因变量：网络情感控制					
	平方和	自由度	均方	F	显著性	偏 Eta 平方
对比	108.793	4	27.198	31.073	0.000	0.046
误差	2239.920	2559	0.875			

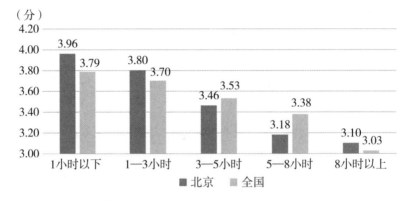

图附录1-67　不同上网时长的青少年网络情感控制得分（五分制）

上网时长越长的青少年网络行为控制得分越低，F=32.899，SIG=0.000，差异显著；上网时长在5小时以下的青少年网络行为控制得分高于全国总体水平，上网时长在5小时以上的青少年得分低于全国总体水平。（见表附录1-49、图附录1-68）

表附录1-49　不同上网时长的青少年网络行为控制差异性检验

因变量：网络行为控制					
	平方和	自由度	均方	F	显著性	偏 Eta 平方
对比	144.397	4	36.099	32.899	0.000	0.049
误差	2806.803	2558	1.097			

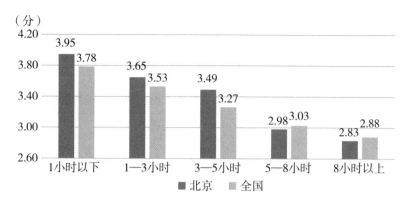

图附录 1-68 不同上网时长的青少年网络行为控制得分（五分制）

（2）上网时长对网络信息搜索与利用中的信息搜索与分辨和信息保存与利用均有显著影响。

上网时长越长的青少年信息搜索与分辨得分越低，F=15.894，SIG=0.000，差异显著；除每天上网时长在 8 小时以上的青少年外，其余上网时长青少年信息搜索与分辨得分均高于全国总体水平。（见表附录 1-50、图附录 1-69）

表附录 1-50 不同上网时长的青少年信息搜索与分辨差异性检验

因变量：信息搜索与分辨					
	平方和	自由度	均方	F	显著性	偏 Eta 平方
对比	32.967	4	8.242	15.894	0.000	0.024
误差	1326.964	2559	0.519			

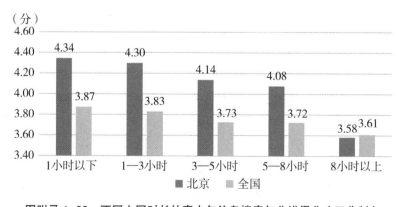

图附录 1-69 不同上网时长的青少年信息搜索与分辨得分（五分制）

上网时长在5—8小时的青少年信息保存与利用能力最强，8小时以上的青少年最弱，F=3.306，SIG=0.010，差异显著；不同上网时长的青少年信息保存与利用得分均高于全国总体水平。（见表附录1-51、图附录1-70）

表附录1-51　不同上网时长的青少年信息保存与利用差异性检验

因变量：信息保存与利用					
	平方和	自由度	均方	F	显著性	偏 Eta 平方
对比	8.788	4	2.197	3.306	0.010	0.005
误差	1700.301	2559	0.664			

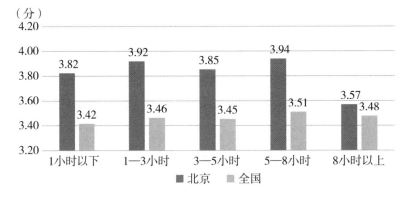

图附录1-70　不同上网时长的青少年信息保存与利用得分（五分制）

（3）上网时长对网络信息分析与评价中的信息的辨析和批判与网络的主动认知和行为两个指标均有显著影响。

上网时长越长的青少年对信息的辨析和批判能力越弱，F=11.866，SIG=0.000，差异显著；不同上网时长的青少年信息的辨析和批判得分均高于全国总体水平。（见表附录1-52、图附录1-71）

表附录1-52　不同上网时长的青少年信息的辨析和批判差异性检验

因变量：信息的辨析和批判					
	平方和	自由度	均方	F	显著性	偏 Eta 平方
对比	28.857	4	7.214	11.866	0.000	0.018
误差	1556.361	2560	0.608			

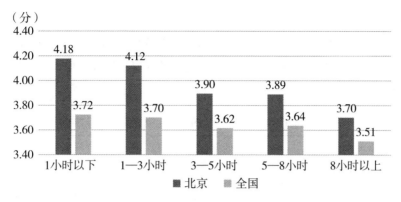

图附录 1-71　不同上网时长的青少年信息的辨析和批判得分（五分制）

上网时长在 8 小时以下的青少年网络的主动认知和行为能力随上网时长的增加而增强，F=8.189，SIG=0.000，差异显著；除上网时长在 5—8 小时的青少年外，其余上网时长的青少年网络的主动认知和行为得分均高于全国总体水平。（见表附录 1-53、图附录 1-72）

表附录 1-53　不同上网时长的青少年网络的主动认知和行为差异性检验

因变量：网络的主动认知和行为					
	平方和	自由度	均方	F	显著性	偏 Eta 平方
对比	15.944	4	3.986	8.189	0.000	0.013
误差	1246.017	2560	0.487			

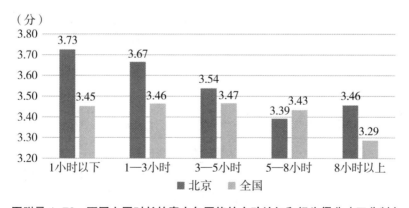

图附录 1-72　不同上网时长的青少年网络的主动认知和行为得分（五分制）

（4）上网时长对网络印象管理中的迎合他人、社交互动、自我宣传、形象期望指标得分有显著影响。

上网时长在8小时以下的青少年利用社交媒体进行迎合他人的程度最高，F=5.919，SIG=0.000，差异显著；不同上网时长的青少年迎合他人得分均低于全国总体水平。（见表附录1-54、图附录1-73）

表附录1-54　不同上网时长的青少年迎合他人差异性检验

	因变量：迎合他人					
	平方和	自由度	均方	F	显著性	偏Eta平方
对比	37.568	4	9.392	5.919	0.000	0.009
误差	4062.126	2560	1.587			

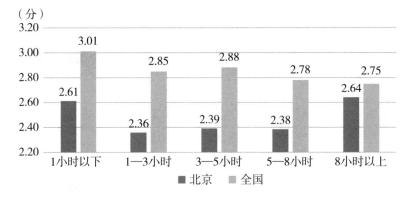

图附录1-73　不同上网时长的青少年迎合他人得分（五分制）

上网时长在8小时以上的青少年利用社交媒体进行社交互动的程度最高，F=6.171，SIG=0.000，差异显著；上网时长在8小时以上的青少年社交互动得分高于全国总体水平，其余上网时长的青少年得分均低于全国总体水平。（见表附录1-55、图附录1-74）

表附录1-55　不同上网时长的青少年社交互动差异性检验

	因变量：社交互动					
	平方和	自由度	均方	F	显著性	偏Eta平方
对比	31.123	4	7.781	6.171	0.000	0.010
误差	3227.823	2560	1.261			

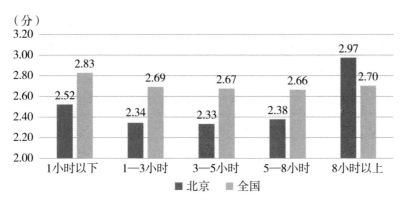

图附录 1-74 不同上网时长的青少年社交互动得分（五分制）

上网时长在 8 小时以下的青少年自我宣传程度随上网时长的增加而降低，F=16.707，SIG=0.000，差异显著；上网时长在 8 小时以上的青少年自我宣传得分高于全国总体水平，其余上网时长的青少年得分均低于全国总体水平。（见表附录 1-56、图附录 1-75）

表附录 1-56 不同上网时长的青少年自我宣传差异性检验

因变量：自我宣传					
	平方和	自由度	均方	F	显著性	偏 Eta 平方
对比	82.782	4	20.695	16.707	0.000	0.025
误差	3171.148	2560	1.239			

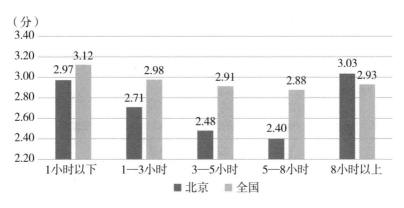

图附录 1-75 不同上网时长的青少年自我宣传得分（五分制）

上网时长在 8 小时以下的青少年形象期望程度随上网时长的增加而降低，

F=12.516，SIG=0.000，差异显著；上网时长在 8 小时以上的青少年形象期望得分高于全国总体水平，其余上网时长的青少年得分均低于全国总体水平。（见表附录 1-57、图附录 1-76）

表附录 1-57　不同上网时长的青少年形象期望差异性检验

	因变量：形象期望					
	平方和	自由度	均方	F	显著性	偏 Eta 平方
对比	53.093	4	13.273	12.516	0.000	0.019
误差	2714.937	2560	1.061			

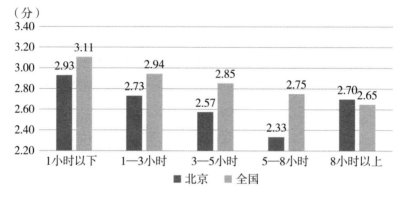

图附录 1-76　不同上网时长的青少年形象期望得分（五分制）

（5）上网时长对网络信息与隐私保护中的安全感知及隐私关注、安全行为及隐私保护两个指标均有显著影响。

上网时长在 3 小时以下的青少年的安全感知及隐私关注能力最高，F=4.086，SIG=0.003，差异显著；不同上网时长的青少年安全感知及隐私关注得分均高于全国总体水平。（见表附录 1-58、图附录 1-77）

表附录 1-58　不同上网时长的青少年安全感知及隐私关注差异性检验

	因变量：安全感知及隐私关注					
	平方和	自由度	均方	F	显著性	偏 Eta 平方
对比	11.828	4	2.957	4.086	0.003	0.006
误差	1852.554	2560	0.724			

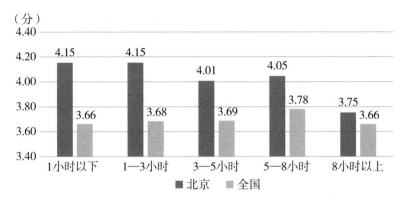

图附录1-77 不同上网时长的青少年安全感知及隐私关注得分（五分制）

青少年的安全行为及隐私保护能力随着上网时长的增加而降低，F=14.267，SIG=0.000，差异显著；除上网时长在8小时以上的青少年外，其余上网时长青少年安全行为及隐私保护得分均高于全国总体水平。（见表附录1-59、图附录1-78）

表附录1-59 不同上网时长的青少年安全行为及隐私保护差异性检验

因变量：安全行为及隐私保护					
	平方和	自由度	均方	F	显著性	偏Eta平方
对比	34.414	4	8.603	14.267	0.000	0.022
误差	1543.817	2560	0.603			

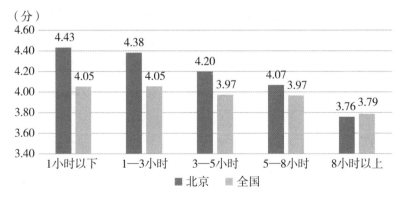

图附录1-78 不同上网时长的青少年安全行为及隐私保护得分（五分制）

（6）上网时长对网络价值认知和行为中的网络规范认知、网络暴力认知和网络行为规范能力均有显著影响。

青少年网络规范认知水平随上网时长的增加而降低，F=8.800，SIG=0.000，差异显著；不同上网时长的青少年网络规范认知得分均高于全国总体水平。（见表附录1-60、图附录1-79）

表附录1-60　不同上网时长的青少年网络规范认知差异性检验

因变量：网络规范认知						
	平方和	自由度	均方	F	显著性	偏 Eta 平方
对比	23.802	4	5.950	8.800	0.000	0.014
误差	1730.950	2560	0.676			

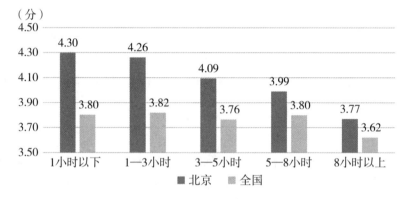

图附录1-79　不同上网时长的青少年网络规范认知得分（五分制）

青少年网络暴力认知水平随上网时长的增加而降低，F=22.491，SIG=0.000，差异显著；上网时长在3小时以下的青少年网络暴力认知得分高于全国总体水平，3小时以上青少年得分低于全国总体水平。（见表附录1-61、图附录1-80）

表附录1-61　不同上网时长的青少年网络暴力认知差异性检验

因变量：网络暴力认知						
	平方和	自由度	均方	F	显著性	偏 Eta 平方
对比	87.978	4	21.995	22.491	0.000	0.034
误差	2503.508	2560	0.978			

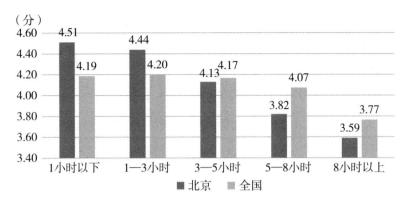

图附录 1-80 不同上网时长的青少年网络暴力认知得分（五分制）

青少年网络行为规范水平随着上网时长的增加而降低，F=25.645，SIG=0.000，差异显著；上网时长在 3 小时以下的青少年网络行为规范得分高于全国总体水平，3 小时以上的青少年得分低于全国总体水平。（见表附录 1-62、图 3-81）

表附录 1-62 不同上网时长的青少年网络行为规范差异性检验

因变量：网络行为规范					
	平方和	自由度	均方	F	显著性	偏 Eta 平方
对比	116.857	4	29.214	25.645	0.000	0.039
误差	2916.268	2560	1.139			

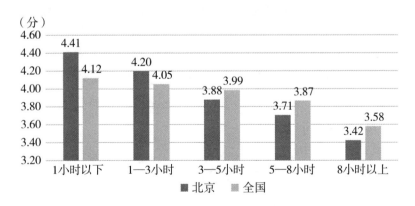

图附录 1-81 不同上网时长的青少年网络行为规范得分（五分制）

（三）家庭影响因素分析

1. 父亲学历

（1）父亲学历对上网注意力管理中的网络行为控制指标得分有显著影响。

　　父亲学历为小学的青少年网络行为控制得分最高，父亲学历为大专的青少年得分最低，F=2.466，SIG=0.022，差异显著；父亲学历为高中/中专/技校及以下的青少年网络行为控制得分高于全国总体水平，父亲学历为大专及以上的青少年得分与全国总体水平基本持平。（见表附录1-63、图附录3-82）

表附录1-63　不同父亲学历的青少年网络行为控制差异性检验

因变量：网络行为控制					
	平方和	自由度	均方	F	显著性	偏 Eta 平方
对比	16.983	6	2.831	2.466	0.022	0.006
误差	2934.217	2556	1.148			

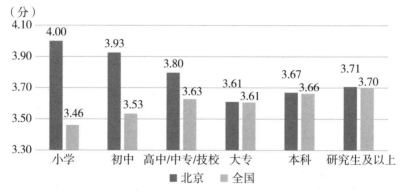

图附录1-82　不同父亲学历的青少年网络行为控制得分（五分制）

（2）父亲学历对网络信息搜索与利用中的两个指标均有显著影响。

　　青少年的信息搜索与分辨能力总体趋势随父亲学历的提高而提高，F=3.845，SIG=0.001，差异显著；不同父亲学历的青少年信息搜索与分辨得分均高于全国总体水平。（见表附录1-64、图附录3-83）

表附录1-64　不同父亲学历的青少年信息搜索与分辨差异性检验

因变量：信息搜索与分辨					
	平方和	自由度	均方	F	显著性	偏 Eta 平方
对比	12.159	6	2.027	3.845	0.001	0.009
误差	1347.772	2557	0.527			

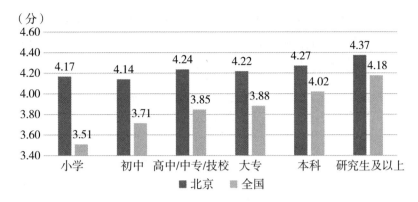

图附录 1-83 不同父亲学历的青少年信息搜索与分辨得分（五分制）

父亲学历为研究生及以上的青少年信息保存与利用能力最高，F=2.352，SIG=0.029，差异显著；不同父亲学历的青少年信息保存与利用得分均高于全国总体水平。（见表附录 1-65、图附录 3-84）

表附录 1-65 不同父亲学历的青少年信息保存与利用差异性检验

因变量：信息保存与利用						
	平方和	自由度	均方	F	显著性	偏 Eta 平方
对比	9.379	6	1.563	2.352	0.029	0.005
误差	1699.710	2557	0.665			

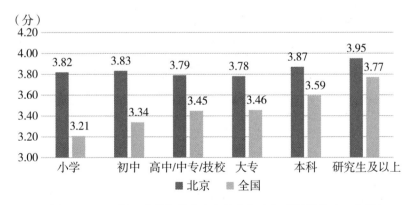

图附录 1-84 不同父亲学历的青少年信息保存与利用得分（五分制）

（3）父亲学历对网络信息分析与评价中的信息的辨析和批判、网络的主动认知和行为两个指标均有显著影响。

父亲学历为研究生及以上的青少年信息的辨析和批判得分最高，父亲学历为初中的青少年得分最低，F=4.143，SIG=0.000，差异显著；不同父亲学历的青少年信息的辨析和批判得分均高于全国总体水平。（见表附录1-66、图附录3-85）

表附录1-66　不同父亲学历的青少年信息的辨析和批判差异性检验

因变量：信息的辨析和批判					
	平方和	自由度	均方	F	显著性	偏 Eta 平方
对比	15.257	6	2.543	4.143	0.000	0.010
误差	1569.962	2558	0.614			

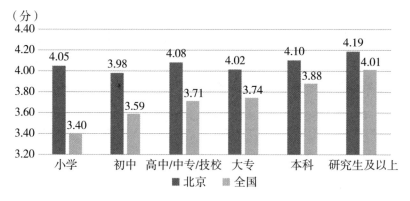

图附录1-85　不同父亲学历的青少年信息的辨析和批判得分（五分制）

父亲学历为本科及以上的青少年网络的主动认知和行为得分较高，F=5.218，SIG=0.000，差异显著；除父亲学历为初中的青少年外，其余青少年网络的主动认知和行为得分均高于全国总体水平。（见表附录1-67、图附录3-86）

表附录1-67　不同父亲学历的青少年网络的主动认知和行为差异性检验

因变量：网络的主动认知和行为					
	平方和	自由度	均方	F	显著性	偏 Eta 平方
对比	15.258	6	2.543	5.218	0.000	0.012
误差	1246.702	2558	0.487			

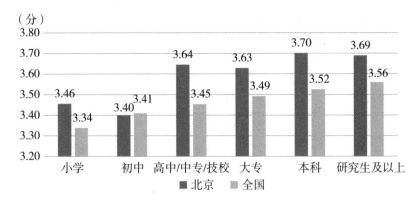

图附录 1-86 不同父亲学历的青少年网络的主动认知和行为得分（五分制）

（4）父亲学历对网络印象管理中的四个指标均无显著影响。

（5）父亲学历对网络信息与隐私保护中的两个指标均有显著影响。

父亲学历为研究生及以上的青少年安全感知及隐私关注得分最高，F=8.595，SIG=0.000，差异显著；不同父亲学历的青少年安全感知及隐私关注得分均高于全国总体水平。（见表附录 1-68、图附录 3-87）

表附录 1-68 不同父亲学历的青少年安全感知及隐私关注差异性检验

因变量：安全感知及隐私关注					
	平方和	自由度	均方	F	显著性	偏 Eta 平方
对比	36.843	6	6.141	8.595	0.000	0.020
误差	1827.539	2558	0.714			

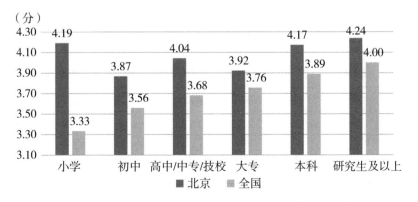

图附录 1-87 不同父亲学历的青少年安全感知及隐私关注得分（五分制）

父亲学历为研究生及以上的青少年安全行为及隐私保护能力最强，F=3.292，SIG=0.003，差异显著；不同父亲学历的青少年安全行为及隐私保护得分均高于全国总体水平。（见表附录1-69、图附录1-88）

表附录1-69　不同父亲学历的青少年安全行为及隐私保护差异性检验

	因变量：安全行为及隐私保护					
	平方和	自由度	均方	F	显著性	偏 Eta 平方
对比	12.092	6	2.015	3.292	0.003	0.008
误差	1566.139	2558	0.612			

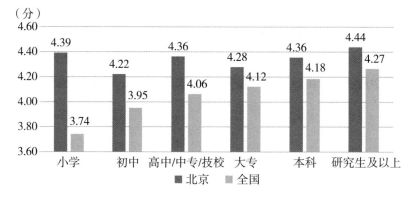

图附录1-88　不同父亲学历的青少年安全行为及隐私保护得分（五分制）

（6）父亲学历对网络价值认知和行为中的三个指标均有显著影响。

父亲学历为初中的青少年网络规范认知水平明显低于其他青少年，F=3.459，SIG=0.002，差异显著；不同父亲学历的青少年网络规范认知得分均高于全国总体水平。（见表附录1-70、图附录1-89）

表附录1-70　不同父亲学历的青少年网络规范认知差异性检验

	因变量：网络规范认知					
	平方和	自由度	均方	F	显著性	偏 Eta 平方
对比	14.123	6	2.354	3.459	0.002	0.008
误差	1740.629	2558	0.680			

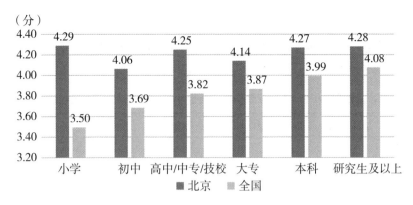

图附录 1-89 不同父亲学历的青少年网络规范认知得分（五分制）

青少年的网络暴力认知水平总体趋势随父亲学历的提高而提高，F=8.086，SIG=0.000，差异显著；父亲学历为初中及以下的青少年网络暴力认知得分低于全国总体水平，父亲学历为初中以上的青少年得分高于全国总体水平。（见表附录 1-71、图附录 1-90）

表附录 1-71 不同父亲学历的青少年网络暴力认知差异性检验

因变量：网络暴力认知					
	平方和	自由度	均方	F	显著性	偏 Eta 平方
对比	48.234	6	8.039	8.086	0.000	0.019
误差	2543.252	2558	0.994			

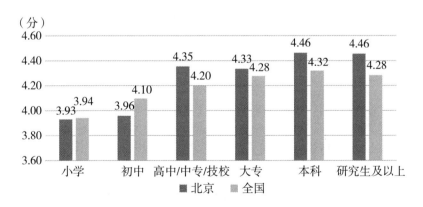

图附录 1-90 不同父亲学历的青少年网络暴力认知得分（五分制）

青少年的网络行为规范水平总体趋势随父亲学历的提高而提高，F=5.411，

SIG=0.000，差异显著；父亲学历为初中及以下的青少年网络行为规范得分低于全国总体水平，父亲学历为大专的青少年得分与全国总体水平一样，其余青少年均高于全国总体水平。（见表附录1—72、图附录1—91）

表附录1—72　不同父亲学历的青少年网络行为规范差异性检验

	因变量：网络行为规范					
	平方和	自由度	均方	F	显著性	偏 Eta 平方
对比	38.016	6	6.336	5.411	0.000	0.013
误差	2995.109	2558	1.171			

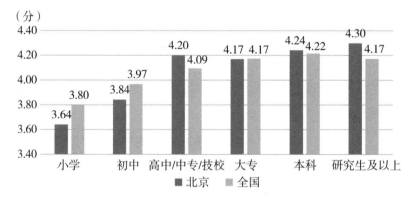

图附录1—91　不同父亲学历的青少年网络行为规范得分（五分制）

2. 母亲学历

（1）母亲学历对上网注意力管理中的网络使用认知、网络情感控制和网络行为控制指标得分均有显著影响。

母亲学历为大专的青少年的网络使用认知能力明显低于其他青少年，F=2.802，SIG=0.010，差异显著；不同母亲学历的青少年网络使用认知得分均高于全国总体水平。（见表附录1—73、图附录1—92）

表附录1—73　不同母亲学历的青少年网络使用认知差异性检验

	因变量：网络使用认知					
	平方和	自由度	均方	F	显著性	偏 Eta 平方
对比	8.333	6	1.389	2.802	0.010	0.007
误差	1267.177	2557	0.496			

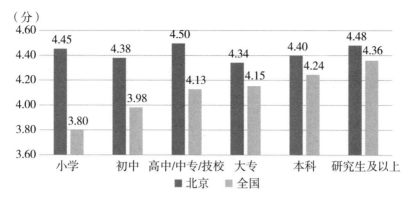

图附录 1-92 不同母亲学历的青少年网络使用认知得分（五分制）

母亲学历为小学的青少年网络情感控制能力明显低于其他青少年，F=14.360，SIG=0.000，差异显著；母亲学历为小学和大专的青少年网络情感控制得分低于全国总体水平，其余青少年得分高于全国总体水平。（见表附录 1-92、图附录 1-93）

表附录 1-74 不同母亲学历的青少年网络情感控制差异性检验

	因变量：网络情感控制					
	平方和	自由度	均方	F	显著性	偏 Eta 平方
对比	80.730	6	13.455	14.360	0.000	0.004
误差	21407.742	22848	0.937			

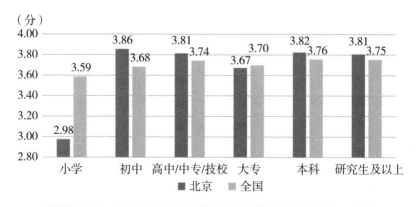

图附录 1-93 不同母亲学历的青少年网络情感控制得分（五分制）

母亲学历为高中 / 中专 / 技校及以下的青少年网络行为控制能力明显高于母亲学历为大专及以上的青少年，F=4.810，SIG=0.000，差异显著；母亲学历为高

中 / 中专 / 技校及以下的青少年网络行为控制得分高于全国总体水平。（见表附录
1-75、图附录1-94）

表附录1-75　不同母亲学历的青少年网络行为控制差异性检验

	平方和	自由度	均方	F	显著性	偏 Eta 平方
	因变量：网络行为控制					
对比	32.953	6	5.492	4.810	0.000	0.011
误差	2918.246	2556	1.142			

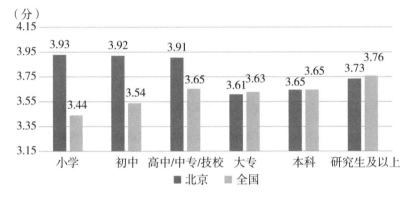

图附录1-94　不同母亲学历的青少年网络行为控制得分（五分制）

（2）母亲学历对网络信息搜索与利用中的两个指标有显著影响。

母亲学历为小学的青少年信息搜索与分辨能力最强，F=5.545，SIG=0.000，
差异显著；不同母亲学历的青少年信息搜索与分辨得分均高于全国总体水平。（见
表附录1-76、图附录1-95）

表附录1-76　不同母亲学历的青少年信息搜索与分辨差异性检验

	平方和	自由度	均方	F	显著性	偏 Eta 平方
	因变量：信息搜索与分辨					
对比	17.466	6	2.911	5.545	0.000	0.013
误差	1342.465	2557	0.525			

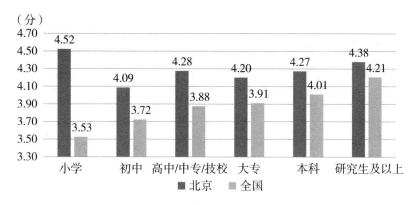

图附录 1-95 不同母亲学历的青少年信息搜索与分辨得分（五分制）

母亲学历为小学的青少年信息保存与利用能力最强，F=3.468，SIG=0.002，差异显著；不同母亲学历的青少年信息保存与利用得分均高于全国总体水平。（见表附录 1-77、图附录 1-96）

表附录 1-77 不同母亲学历的青少年信息保存与利用差异性检验

	因变量：信息保存与利用					
	平方和	自由度	均方	F	显著性	偏 Eta 平方
对比	13.796	6	2.299	3.468	0.002	0.008
误差	1695.293	2557	0.663			

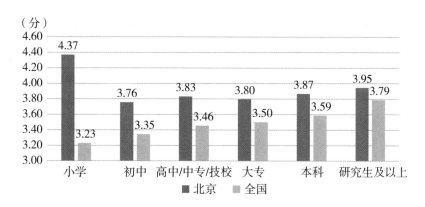

图附录 1-96 不同母亲学历的青少年信息保存与利用得分（五分制）

（3）母亲学历对网络信息分析与评价中的两个指标均有显著影响。

母亲学历为小学的青少年信息的辨析和批判能力最强，F=5.268，SIG=0.000，差异显著；不同母亲学历的青少年信息的辨析和批判得分均高于全国总体水平。
（见表附录1-78、图附录1-97）

表附录1-78　不同母亲学历的青少年信息的辨析和批判差异性检验

因变量：信息的辨析和批判						
	平方和	自由度	均方	F	显著性	偏Eta平方
对比	19.349	6	3.225	5.268	0.000	0.012
误差	1565.870	2558	0.612			

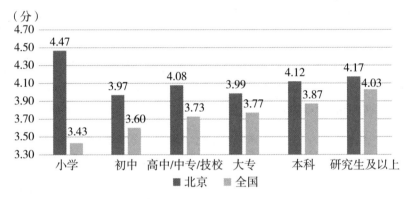

图附录1-97　不同母亲学历的青少年信息的辨析和批判得分（五分制）

青少年对网络的主动认知和行为总体趋势随母亲学历的提高而提高，F=2.534，
SIG=0.019，差异显著；不同母亲学历的青少年对网络的主动认知和行为得分均高
于全国总体水平。（见表附录1-79、图附录1-98）

表附录1-79　不同母亲学历的青少年网络的主动认知和行为差异性检验

因变量：网络的主动认知和行为						
	平方和	自由度	均方	F	显著性	偏Eta平方
对比	7.457	6	1.243	2.534	0.019	0.006
误差	1254.504	2558	0.490			

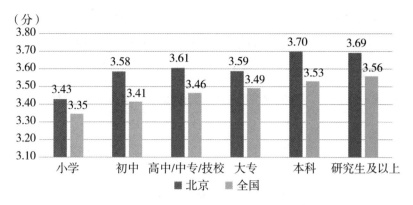

图附录 1-98　不同母亲学历的青少年网络的主动认知和行为得分（五分制）

（4）母亲学历对网络印象管理各指标得分均无显著影响。

（5）母亲学历对网络信息与隐私保护中的两个指标均有显著差异。

母亲学历为初中的青少年安全感知及隐私关注能力明显低于其他青少年，F=8.352，SIG=0.000，差异显著；不同母亲学历的青少年安全感知及隐私关注得分均高于全国总体水平。（见表附录 1-80、图附录 1-99）

表附录 1-80　不同母亲学历的青少年安全感知及隐私关注差异性检验

因变量：安全感知及隐私关注					
	平方和	自由度	均方	F	显著性	偏 Eta 平方
对比	35.822	6	5.970	8.352	0.000	0.019
误差	1828.560	2558	0.715			

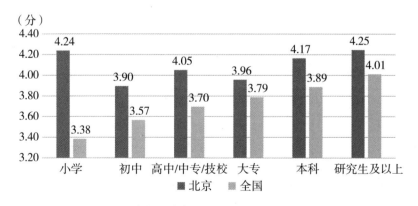

图附录 1-99　不同母亲学历的青少年安全感知及隐私关注得分（五分制）

母亲学历为小学的青少年安全行为及隐私保护能力最强，母亲学历为初中的青少年最弱，F=5.667，SIG=0.000，差异显著；不同母亲学历的青少年安全行为及隐私保护得分均高于全国总体水平。（见表附录1-81、图附录1-100）

表附录1-81　不同母亲学历的青少年安全行为及隐私保护差异性检验

因变量：安全行为及隐私保护						
	平方和	自由度	均方	F	显著性	偏 Eta 平方
对比	20.704	6	3.451	5.667	0.000	0.013
误差	1557.527	2558	0.609			

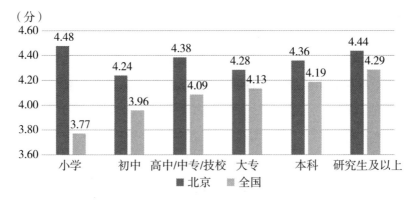

图附录1-100　不同母亲学历的青少年安全行为及隐私保护得分（五分制）

（6）母亲学历对网络价值认知和行为中的三个指标均有显著影响。

母亲学历为小学的青少年网络规范认知水平最高，F=4.342，SIG=0.000，差异显著；不同母亲学历的青少年网络规范认知得分均高于全国总体水平。（见表附录1-82、图附录1-101）

表附录1-82　不同母亲学历的青少年网络规范认知差异性检验

因变量：网络规范认知						
	平方和	自由度	均方	F	显著性	偏 Eta 平方
对比	17.693	6	2.949	4.342	0.000	0.010
误差	1737.058	2558	0.679			

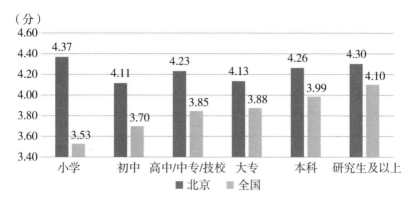

图附录 1-101　不同母亲学历的青少年网络规范认知得分（五分制）

青少年的网络暴力认知水平总体趋势随母亲学历的提高而提高，F=5.591，SIG=0.000，差异显著；除母亲学历为大专的青少年外，其余青少年网络暴力认知得分均高于全国总体水平。（见表附录 1-83、图附录 1-102）

表附录 1-83　不同母亲学历的青少年网络暴力认知差异性检验

因变量：网络暴力认知					
	平方和	自由度	均方	F	显著性	偏 Eta 平方
对比	33.547	6	5.591	5.591	0.000	0.013
误差	2557.939	2558	1.000			

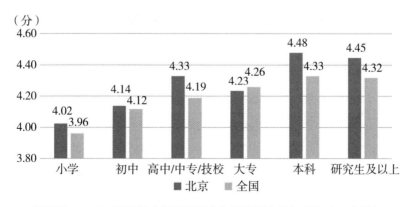

图附录 1-102　不同母亲学历的青少年网络暴力认知得分（五分制）

青少年的网络行为规范水平随母亲学历的提高而提高，F=3.091，SIG=0.005，差异显著；除母亲学历为小学和大专的青少年外，其余青少年网络行为规范得分

均高于全国总体水平。（见表附录 1–84、图附录 1–103）

表附录 1–84　不同母亲学历的青少年网络行为规范差异性检验

因变量：网络行为规范					
	平方和	自由度	均方	F	显著性	偏 Eta 平方
对比	21.830	6	3.638	3.091	0.005	0.007
误差	3011.295	2558	1.177			

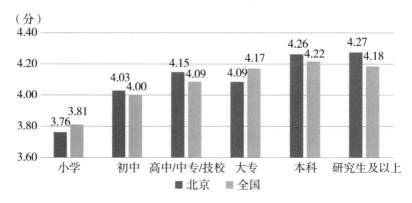

图附录 1–103　不同母亲学历的青少年网络行为规范得分（五分制）

3. 家庭收入

（1）家庭收入对上网注意力管理中的三个指标均有显著影响。

青少年的网络使用认知能力随家庭收入的增加而提高，F=12.213，SIG=0.000，差异显著；不同家庭收入的青少年网络使用认知得分均高于全国总体水平。（见表附录 1–85、图附录 1–104）

表附录 1–85　不同家庭收入的青少年网络使用认知差异性检验

因变量：网络使用认知					
	平方和	自由度	均方	F	显著性	偏 Eta 平方
对比	23.895	4	5.974	12.213	0.000	0.019
误差	1251.615	2559	0.489			

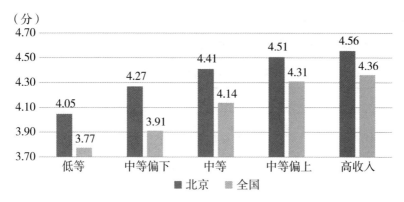

图附录 1-104 不同家庭收入的青少年网络使用认知得分（五分制）

青少年的网络情感控制能力随家庭收入的增加而提高，F=6.657，SIG=0.000，差异显著；家庭收入中等以下的青少年网络情感控制得分低于全国总体水平，家庭收入中等及以上的青少年得分高于全国总体水平。（见表附录 1-86、图附录 1-105）

表附录 1-86 不同家庭收入的青少年网络情感控制差异性检验

	平方和	自由度	均方	F	显著性	偏 Eta 平方
因变量：网络情感控制						
对比	24.187	4	6.047	6.657	0.000	0.010
误差	2324.526	2559	0.908			

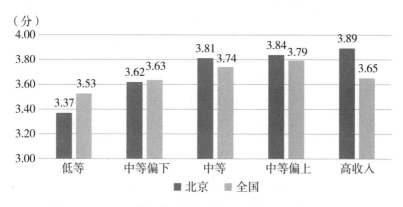

图附录 1-105 不同家庭收入的青少年网络情感控制得分（五分制）

青少年的网络行为控制能力总体趋势随家庭收入的增加而提高，F=4.186，

SIG=0.002，差异显著；不同家庭收入的青少年网络行为控制得分均高于全国总体水平。（见表附录1-87、图附录1-106）

表附录1-87　不同家庭收入的青少年网络行为控制差异性检验

因变量：网络行为控制						
	平方和	自由度	均方	F	显著性	偏Eta平方
对比	19.193	4	4.798	4.186	0.002	0.007
误差	2932.006	2558	1.146			

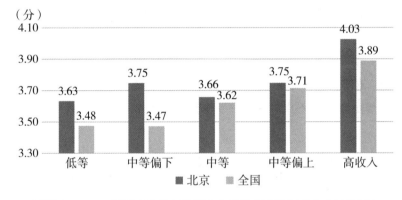

图附录1-106　不同家庭收入的青少年网络行为控制得分（五分制）

（2）家庭收入对网络信息搜索与利用中的两个指标均有显著影响。

青少年的信息搜索与分辨能力随着家庭收入的增加而提高，F=15.722，SIG=0.000，差异显著；不同家庭收入的青少年信息搜索与分辨得分均高于全国总体水平。（见表附录1-88、图附录1-107）

表附录1-88　不同家庭收入的青少年信息搜索与分辨差异性检验

因变量：信息搜索与分辨						
	平方和	自由度	均方	F	显著性	偏Eta平方
对比	32.620	4	8.155	15.722	0.000	0.024
误差	1327.311	2559	0.519			

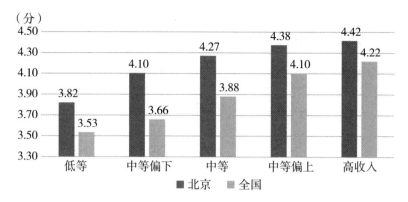

图附录 1-107　不同家庭收入的青少年信息搜索与分辨得分（五分制）

青少年的信息保存与利用能力随着家庭收入的增加而提高，F=7.870，SIG=0.000，差异显著；不同家庭收入的青少年信息保存与利用得分均高于全国总体水平。（见表附录 1-89、图附录 1-108）

表附录 1-89　不同家庭收入的青少年信息保存与利用差异性检验

	因变量：信息保存与利用					
	平方和	自由度	均方	F	显著性	偏 Eta 平方
对比	20.770	4	5.193	7.870	0.000	0.012
误差	1688.319	2559	0.660			

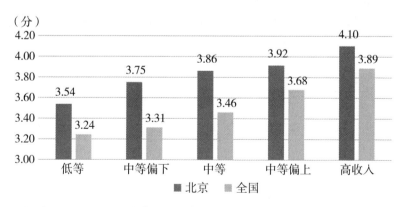

图附录 1-108　不同家庭收入的青少年信息保存与利用得分（五分制）

（3）家庭收入对网络信息分析与评价中的两个指标均有显著影响。

青少年信息的辨析和批判能力随着家庭收入的升高而提高，F=11.444，SIG=0.000，

差异显著；不同家庭收入的青少年信息的辨析和批判得分均高于全国总体水平。（见表附录1-90、图附录1-109）

表附录1-90　不同家庭收入的青少年信息的辨析和批判差异性检验

	平方和	自由度	均方	F	显著性	偏 Eta 平方
因变量：信息的辨析和批判						
对比	27.848	4	6.962	11.444	0.000	0.018
误差	1557.371	2560	0.608			

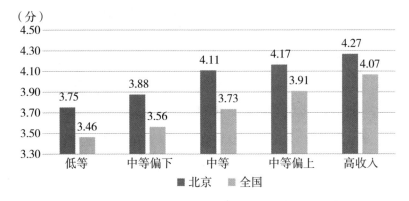

图附录1-109　不同家庭收入的青少年信息的辨析和批判得分（五分制）

家庭收入不同，青少年网络的主动认知和行为能力也不同，F=6.050，SIG=0.000，差异显著；不同家庭收入的青少年网络的主动认知和行为得分均高于全国总体水平。（见表附录1-91、图附录1-110）

表附录1-91　不同家庭收入的青少年网络的主动认知和行为差异性检验

	平方和	自由度	均方	F	显著性	偏 Eta 平方
因变量：网络的主动认知和行动						
对比	11.817	4	2.954	6.050	0.000	0.009
误差	1250.143	2560	0.488			

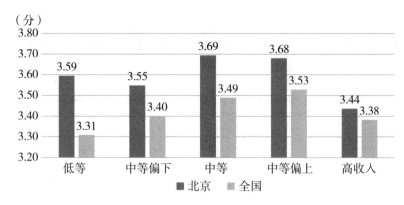

图附录 1-110　不同家庭收入的青少年网络的主动认知和行为得分（五分制）

（4）家庭收入对网络印象管理中的社交互动、自我宣传和形象期望均有显著影响。

随着家庭收入的提高，青少年利用社交媒体进行社交互动的程度降低，F=4.620，SIG=0.001，差异显著；不同家庭收入的青少年社交互动得分均低于全国总体水平。（见表附录 1-92、图附录 1-111）

表附录 1-92　不同家庭收入的青少年社交互动差异性检验

因变量：社交互动					
	平方和	自由度	均方	F	显著性	偏 Eta 平方
对比	23.358	4	5.839	4.620	0.001	0.007
误差	3235.588	2560	1.264			

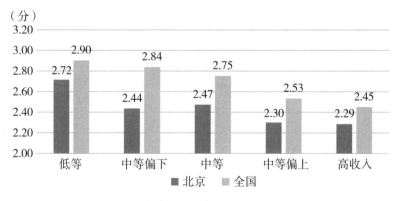

图附录 1-111　不同家庭收入的青少年社交互动得分（五分制）

　　青少年在社交媒体上的自我宣传程度总体趋势随家庭收入的增加而降低，F=2.866，SIG=0.022，差异显著；不同家庭收入的青少年自我宣传得分均低于全国总体水平。（见表附录1-93、图附录1-112）

表附录1-93　不同家庭收入的青少年自我宣传差异性检验

因变量：自我宣传					
	平方和	自由度	均方	F	显著性	偏 Eta 平方
对比	14.509	4	3.627	2.866	0.022	0.004
误差	3239.421	2560	1.265			

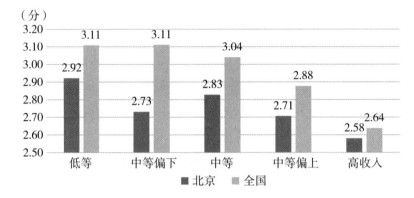

图附录1-112　不同家庭收入的青少年自我宣传得分（五分制）

　　家庭收入不同，青少年形象期望程度也不同，F=4.404，SIG=0.002，差异显著；不同家庭收入的青少年形象期望得分均低于全国总体水平。（见表附录1-94、图附录1-113）

表附录1-94　不同家庭收入的青少年形象期望差异性检验

因变量：形象期望					
	平方和	自由度	均方	F	显著性	偏 Eta 平方
对比	18.917	4	4.729	4.404	0.002	0.007
误差	2749.113	2560	1.074			

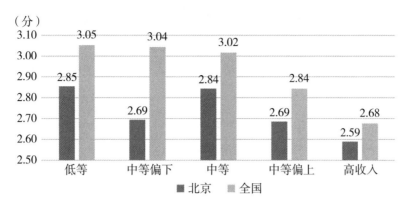

图附录1-113　不同家庭收入的青少年形象期望得分（五分制）

（5）家庭收入对网络信息与隐私保护中的两个指标均有显著影响。

随着家庭收入的提高，青少年的安全感知及隐私关注能力也升高，但高收入家庭的青少年能力有所下降，F=4.589，SIG=0.001，差异显著；不同家庭收入的青少年安全感知及隐私关注得分均高于全国总体水平。（见表附录1-95、图附录1-114）

表附录1-95　不同家庭收入的青少年安全感知及隐私关注差异性检验

因变量：安全感知及隐私关注					
	平方和	自由度	均方	F	显著性	偏 Eta 平方
对比	13.272	4	3.318	4.589	0.001	0.007
误差	1851.110	2560	0.723			

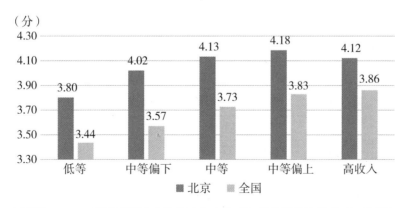

图附录1-114　不同家庭收入的青少年安全感知及隐私关注得分（五分制）

随着家庭收入的提高，青少年的安全行为及隐私保护能力也升高，但高收入家庭的青少年能力有所下降，F=9.161，SIG=0.000，差异显著；不同家庭收入的青少年安全行为及隐私保护得分均高于全国总体水平。（见表附录1-96、图附录1-115）

表附录1-96　不同家庭收入的青少年安全行为及隐私保护差异性检验

因变量：安全行为及隐私保护					
	平方和	自由度	均方	F	显著性	偏 Eta 平方
对比	22.273	4	5.568	9.161	0.000	0.014
误差	1555.958	2560	0.608			

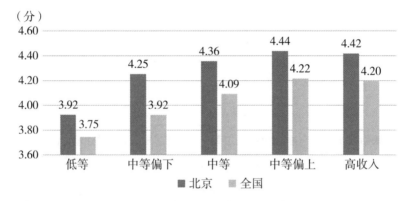

图附录1-115　不同家庭收入的青少年安全行为及隐私保护得分（五分制）

（6）家庭收入对网络价值认知和行为中的三个指标均有显著影响。

青少年的网络规范认知水平随着家庭收入的增加而提高，F=9.643，SIG=0.000，差异显著；不同家庭收入的青少年网络规范认知得分均高于全国总体水平。（见表附录1-97、图3-116）

表附录1-97　不同家庭收入的青少年网络规范认知差异性检验

因变量：网络规范认知					
	平方和	自由度	均方	F	显著性	偏 Eta 平方
对比	26.048	4	6.512	9.643	0.000	0.015
误差	1728.704	2560	0.675			

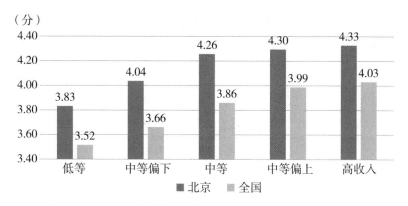

图附录 1-116 不同家庭收入的青少年网络规范认知得分（五分制）

青少年的网络暴力认知水平整体随着家庭收入的增加而提高，而当家庭收入为高收入时则有明显下降，F=16.112，SIG=0.000，差异显著；除低等收入家庭的青少年外，其余青少年网络暴力认知得分均高于全国总体水平。（见表附录 1-98、图 3-117）

表附录 1-98 不同家庭收入的青少年网络暴力认知差异性检验

因变量：网络暴力认知					
	平方和	自由度	均方	F	显著性	偏 Eta 平方
对比	63.637	4	15.909	16.112	0.000	0.025
误差	2527.849	2560	0.987			

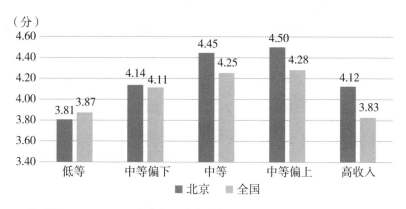

图附录 1-117 不同家庭收入的青少年网络暴力认知得分（五分制）

青少年的网络行为规范水平随着家庭收入的增加而提高，而当家庭收入为高收入时则有明显下降，F=8.066，SIG=0.000，差异显著；除低等收入家庭的青少年外，其余青少年网络行为规范得分均高于全国总体水平。（见表附录1-99、图附录1-118）

表附录1-99　不同家庭收入的青少年网络行为规范差异性检验

	因变量：网络行为规范					
	平方和	自由度	均方	F	显著性	偏 Eta 平方
对比	37.753	4	9.438	8.066	0.000	0.012
误差	2995.372	2560	1.170			

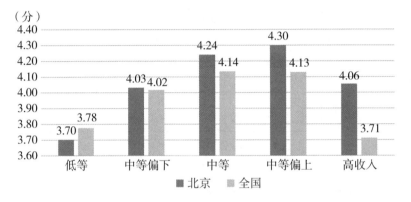

图附录1-118　不同家庭收入的青少年网络行为规范得分（五分制）

4. 与父母讨论网络内容的频率

（1）与父母讨论网络内容的频率对上网注意力管理中的三个指标均有显著影响。

青少年的网络使用认知能力随着与父母讨论网络内容的频率的升高而提高，F=5.004，SIG=0.007，差异显著；不同与父母讨论网络内容频率的青少年网络使用认知得分均高于全国总体水平。（见表附录1-100、图附录1-119）

表附录1-100　不同与父母讨论网络内容频率的青少年网络使用认知差异性检验

	因变量：网络使用认知					
	平方和	自由度	均方	F	显著性	偏 Eta 平方
对比	4.965	2	2.483	5.004	0.007	0.004
误差	1270.545	2561	0.496			

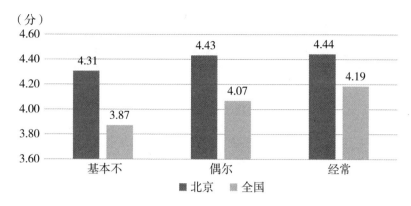

图附录 1-119 不同与父母讨论网络内容频率的青少年网络使用认知得分（五分制）

青少年的网络情感控制能力随着与父母讨论网络内容的频率的升高而提高，F=4.045，SIG=0.018，差异显著；不同与父母讨论网络内容频率的青少年网络情感控制得分均高于全国总体水平。（见表附录 1-101、图附录 1-120）

表附录 1-101 不同与父母讨论网络内容频率的青少年网络情感控制差异性检验

因变量：网络情感控制						
	平方和	自由度	均方	F	显著性	偏 Eta 平方
对比	7.397	2	3.698	4.045	0.018	0.003
误差	2341.316	2561	0.914			

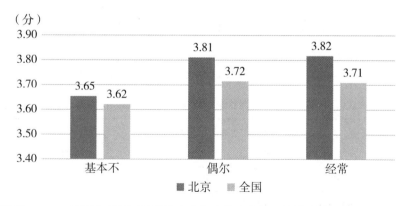

图附录 1-120 不同与父母讨论网络内容频率的青少年网络情感控制得分（五分制）

青少年的网络行为控制能力随着与父母讨论网络内容的频率的升高而提高，F=21.765，SIG=0.000，差异显著；不同与父母讨论网络内容频率的青少年网络行

为控制得分均高于全国总体水平。（见表附录1-102、图附录1-121）

表附录1-102　不同与父母讨论网络内容频率的青少年网络行为控制差异性检验

因变量：网络行为控制						
	平方和	自由度	均方	F	显著性	偏 Eta 平方
对比	49.342	2	24.671	21.765	0.000	0.017
误差	2901.857	2560	1.134			

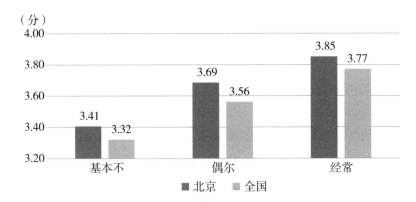

图附录1-121　不同与父母讨论网络内容频率的青少年网络行为控制得分（五分制）

（2）与父母讨论网络内容的频率对网络信息搜索与利用中的两个指标均有显著影响。

青少年的信息搜索与分辨能力随着与父母讨论网络内容的频率的升高而提高，F=10.751，SIG=0.000，差异显著；不同与父母讨论网络内容频率的青少年信息搜索与分辨得分均高于全国总体水平。（见表附录1-103、图附录1-122）

表附录1-103　不同与父母讨论网络内容频率的青少年信息搜索与分辨差异性检验

因变量：信息搜索与分辨						
	平方和	自由度	均方	F	显著性	偏 Eta 平方
对比	11.322	2	5.661	10.751	0.000	0.008
误差	1348.608	2561	0.527			

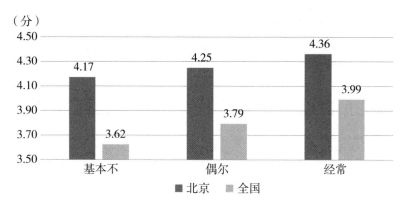

图附录 1-122　不同与父母讨论网络内容频率的青少年信息搜索与分辨得分（五分制）

青少年的信息保存与利用能力随着与父母讨论网络内容的频率的升高而提高，F=36.345，SIG=0.000，差异显著；不同与父母讨论网络内容频率的青少年信息保存与利用得分均高于全国总体水平。（见表附录 1-104、图附录 1-123）

表附录 1-104　不同与父母讨论网络内容频率的青少年信息保存与利用差异性检验

因变量：信息保存与利用					
	平方和	自由度	均方	F	显著性	偏 Eta 平方
对比	47.171	2	23.585	36.345	0.000	0.028
误差	1661.918	2561	0.649			

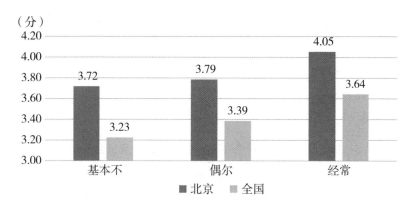

图附录 1-123　不同与父母讨论网络内容频率的青少年信息保存与利用得分（五分制）

（3）与父母讨论网络内容的频率对网络信息分析与评价中的信息的辨析与批判指标有显著影响。

青少年信息的辨析和批判能力随着与父母讨论网络内容的频率的升高而升高，F=22.815，SIG=0.000，差异显著；不同与父母讨论网络内容频率的青少年信息的辨析和批判得分均高于全国总体水平。（见表附录1–105、图附录1–124）

表附录1–105　不同与父母讨论网络内容频率的青少年信息的辨析和批判差异性检验

因变量：信息的辨析和批判					
	平方和	自由度	均方	F	显著性	偏 Eta 平方
对比	27.739	2	13.869	22.815	0.000	0.017
误差	1557.480	2562	0.608			

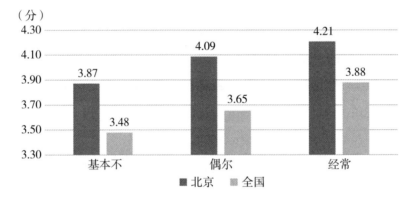

图附录1–124　不同与父母讨论网络内容频率的青少年信息的辨析和批判得分（五分制）

（4）与父母讨论网络内容的频率对青少年网络印象管理中的所有指标均有显著影响。

青少年迎合他人能力随着与父母讨论网络内容的频率的升高而降低，F=12.934，SIG=0.000，差异显著；不同与父母讨论网络内容频率的青少年迎合他人得分均低于全国总体水平。（见表附录1–106、图附录1–125）

表附录1–106　不同与父母讨论网络内容频率的青少年迎合他人差异性检验

因变量：迎合他人					
	平方和	自由度	均方	F	显著性	偏 Eta 平方
对比	40.981	2	20.490	12.934	0.000	0.010
误差	4058.713	2562	1.584			

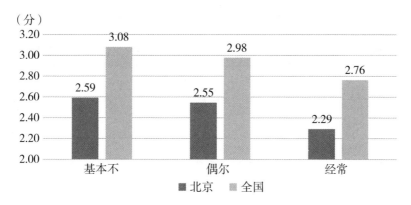

图附录 1-125 不同与父母讨论网络内容频率的青少年迎合他人得分（五分制）

青少年社交互动能力随着与父母讨论网络内容的频率的升高而降低，F=9.888，SIG=0.000，差异显著；不同与父母讨论网络内容频率的青少年社交互动得分均低于全国总体水平。（见表附录 1-107、图附录 1-126）

表附录 1-107 不同与父母讨论网络内容频率的青少年社交互动差异性检验

	平方和	自由度	均方	F	显著性	偏 Eta 平方
因变量：社交互动						
对比	24.963	2	12.481	9.888	0.000	0.008
误差	3233.983	2562	1.262			

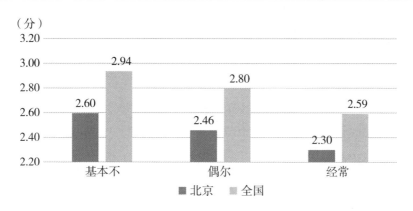

图附录 1-126 不同与父母讨论网络内容频率的青少年社交互动得分（五分制）

青少年自我宣传能力随着与父母讨论网络内容的频率的升高而降低，F=23.608，SIG=0.000，差异显著；不同与父母讨论网络内容频率的青少年自我宣传得分均低

于全国总体水平。（见表附录1-108、图附录1-127）

表附录1-108　不同与父母讨论网络内容频率的青少年自我宣传差异性检验

因变量：自我宣传						
	平方和	自由度	均方	F	显著性	偏 Eta 平方
对比	58.884	2	29.442	23.608	0.000	0.018
误差	3195.046	2562	1.247			

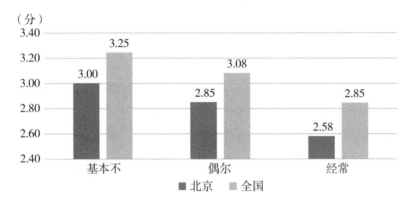

图附录1-127　不同与父母讨论网络内容频率的青少年自我宣传得分（五分制）

不同与父母讨论网络内容的频率的青少年形象期望得分不同，F=4.288，SIG=0.014，差异显著；不同与父母讨论网络内容频率的青少年形象期望得分均低于全国总体水平。（见表附录1-109、图附录1-128）

表附录1-109　不同与父母讨论网络内容频率的青少年形象期望差异性检验

因变量：形象期望						
	平方和	自由度	均方	F	显著性	偏 Eta 平方
对比	9.235	2	4.618	4.288	0.014	0.003
误差	2758.795	2562	1.077			

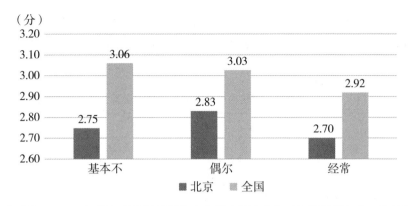

图附录 1-128 不同与父母讨论网络内容频率的青少年形象期望得分（五分制）

（5）与父母讨论网络内容的频率对网络信息与隐私保护中的两个指标有显著影响。

青少年安全感知及隐私关注能力随着与父母讨论网络内容的频率升高而提高，F=9.943，SIG=0.000，差异显著；不同与父母讨论网络内容频率的青少年安全感知及隐私关注得分均高于全国总体水平。（见表附录 1-110、图附录 1-129）

表附录 1-110 不同与父母讨论网络内容频率的青少年安全感知及隐私关注差异性检验

	因变量：安全感知及隐私关注					
	平方和	自由度	均方	F	显著性	偏 Eta 平方
对比	14.360	2	7.180	9.943	0.000	0.008
误差	1850.022	2562	0.722			

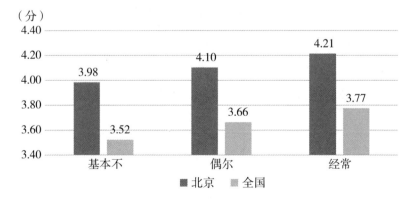

图附录 1-129 不同与父母讨论网络内容频率的青少年安全感知及隐私关注得分（五分制）

青少年安全行为及隐私保护能力随着与父母讨论网络内容的频率升高而提高，F=10.926，SIG=0.000，差异显著；不同与父母讨论网络内容频率的青少年安全行为及隐私保护得分均高于全国总体水平。（见表附录1-111、图附录1-130）

表附录1-111　不同与父母讨论网络内容频率的青少年安全行为及隐私保护差异性检验

因变量：安全行为及隐私保护						
	平方和	自由度	均方	F	显著性	偏 Eta 平方
对比	13.347	2	6.674	10.926	0.000	0.008
误差	1564.883	2562	0.611			

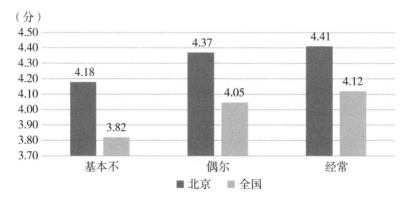

图附录1-130　不同与父母讨论网络内容频率的青少年安全行为及隐私保护得分（五分制）

（6）与父母讨论网络内容的频率对网络价值认知和行为中的三个指标均有显著影响。

青少年网络规范认知水平随着与父母讨论网络内容的频率升高而提高，F=8.353，SIG=0.000，差异显著；不同与父母讨论网络内容频率的青少年网络规范认知得分均高于全国总体水平。（见表附录1-112、图附录1-131）

表附录1-112　不同与父母讨论网络内容频率的青少年网络规范认知差异性检验

因变量：网络规范认知						
	平方和	自由度	均方	F	显著性	偏 Eta 平方
对比	11.367	2	5.684	8.353	0.000	0.006
误差	1743.384	2562	0.680			

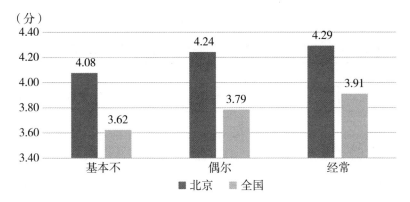

图附录1-131 不同与父母讨论网络内容频率的青少年网络规范认知得分（五分制）

与父母讨论网络内容的频率不同，青少年的网络暴力认知水平不同，F=4.560，SIG=0.011，差异显著；不同与父母讨论网络内容频率的青少年网络暴力认知得分均高于全国总体水平。（见表附录1-113、图附录1-132）

表附录1-113 不同与父母讨论网络内容频率的青少年网络暴力认知差异性检验

因变量：网络暴力认知					
	平方和	自由度	均方	F	显著性	偏 Eta 平方
对比	9.193	2	4.597	4.560	0.011	0.004
误差	2582.293	2562	1.008			

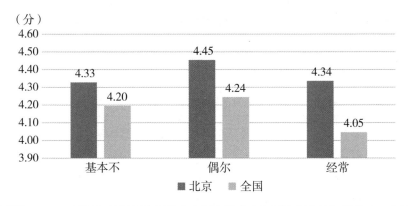

图附录1-132 不同与父母讨论网络内容频率的青少年网络暴力认知得分（五分制）

与父母讨论网络内容的频率不同，青少年的网络行为规范水平不同，F=4.367，SIG=0.013，差异显著；不同与父母讨论网络内容频率的青少年网络行为规范得分

均高于全国总体水平。（见表附录 1-114、图附录 1-133）

表附录 1-114 不同与父母讨论网络内容频率的青少年网络行为规范差异性检验

因变量：网络行为规范					
	平方和	自由度	均方	F	显著性	偏 Eta 平方
对比	10.304	2	5.152	4.367	0.013	0.003
误差	3022.821	2562	1.180			

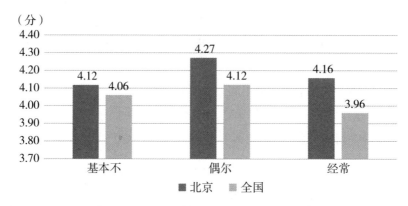

图附录 1-133 不同与父母讨论网络内容频率的青少年网络行为规范得分（五分制）

5. 与父母的亲密程度

（1）与父母的亲密程度对上网注意力管理中的三个指标均有显著影响。

青少年与父母的亲密程度越高，网络使用认知能力越高，F=62.842，SIG=0.000，差异显著；不同与父母亲密程度的青少年网络使用认知得分均高于全国总体水平。（见表附录 1-115、图附录 1-134）

表附录 1-115 不同与父母亲密程度的青少年网络使用认知差异性检验

因变量：网络使用认知					
	平方和	自由度	均方	F	显著性	偏 Eta 平方
对比	59.669	2	29.834	62.842	0.000	0.047
误差	1215.842	2561	0.475			

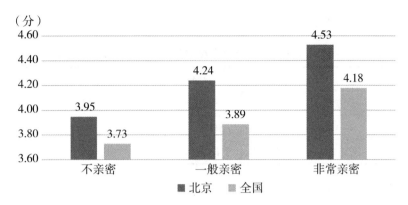

图附录1-134 不同与父母亲密程度的青少年网络使用认知得分（五分制）

青少年与父母的亲密程度越高，网络情感控制能力越高，F=32.777，SIG=0.000，差异显著；除与父母不亲密的青少年外，其余青少年网络情感控制得分均高于全国总体水平。（见表附录1-116、图附录1-135）

表附录1-116 不同与父母亲密程度的青少年网络情感控制差异性检验

因变量：网络情感控制					
	平方和	自由度	均方	F	显著性	偏 Eta 平方
对比	58.620	2	29.310	32.777	0.000	0.025
误差	2290.093	2561	0.894			

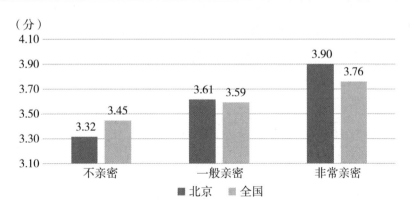

图附录1-135 不同与父母亲密程度的青少年网络情感控制得分（五分制）

青少年与父母的亲密程度越高，网络行为控制能力越高，F=51.195，SIG=0.000，差异显著；不同与父母亲密程度的青少年网络行为控制得分均高于全国总体水

平。（见表附录 1-117、图附录 1-136）

表附录 1-117　不同与父母亲密程度的青少年网络行为控制差异性检验

因变量：网络行为控制					
	平方和	自由度	均方	F	显著性	偏 Eta 平方
对比	113.496	2	56.748	51.195	0.000	0.038
误差	2837.703	2560	1.108			

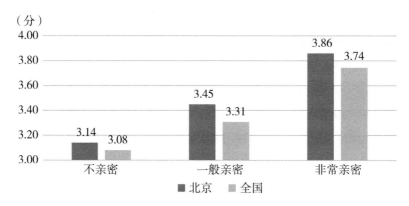

图附录 1-136　不同与父母亲密程度的青少年网络行为控制得分（五分制）

（2）与父母的亲密程度对网络信息搜索与利用中的两个指标均有显著影响。

青少年与父母的亲密程度越高，信息搜索与分辨能力越高，F=30.865，SIG=0.000，差异显著；不同与父母亲密程度的青少年信息搜索与分辨得分均高于全国总体水平。（见表附录 1-118、图附录 1-137）

表附录 1-118　不同与父母亲密程度的青少年信息搜索与分辨差异性检验

因变量：信息搜索与分辨					
	平方和	自由度	均方	F	显著性	偏 Eta 平方
对比	32.008	2	16.004	30.865	0.000	0.024
误差	1327.923	2561	0.519			

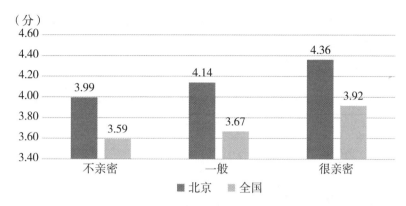

图附录 1-137 不同与父母亲密程度的青少年信息搜索与分辨得分（五分制）

青少年与父母的亲密程度越高，信息保存与利用能力越高，F=8.786，SIG=0.000，差异显著；不同与父母亲密程度的青少年信息保存与利用得分均高于全国总体水平。（见表附录 1-119、图附录 1-138）

表附录 1-119 不同与父母亲密程度的青少年信息保存与利用差异性检验

因变量：信息保存与利用					
	平方和	自由度	均方	F	显著性	偏 Eta 平方
对比	11.647	2	5.823	8.786	0.000	0.007
误差	1697.442	2561	0.663			

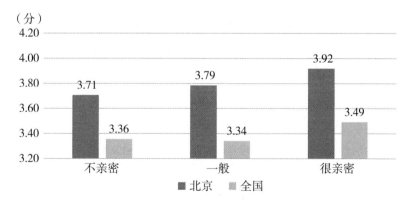

图附录 1-138 不同与父母亲密程度的青少年信息保存与利用得分（五分制）

（3）与父母的亲密程度对网络信息分析与评价中的信息的辨析和批判指标有显著影响。

随着青少年和父母亲密程度的提高，青少年信息的辨析和批判能力提高，F=31.749，SIG=0.000，显著影响；不同与父母亲密程度的青少年信息的辨析和批判得分均高于全国总体水平。（见表附录 1–120、图附录 1–139）

表附录 1–120　不同与父母亲密程度的青少年信息的辨析和批判差异性检验

	因变量：信息的辨析和批判					
	平方和	自由度	均方	F	显著性	偏 Eta 平方
对比	38.339	2	19.169	31.749	0.000	0.024
误差	1546.880	2562	0.604			

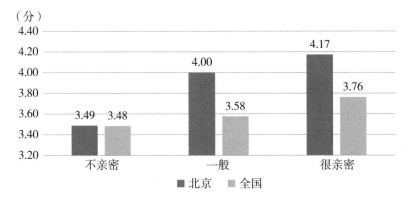

图附录 1–139　不同与父母亲密程度的青少年信息的辨析和批判得分（五分制）

（4）与父母的亲密程度对青少年网络印象管理各指标均无显著影响。

（5）与父母的亲密程度对网络信息与隐私保护中的两个指标均有显著影响。

青少年与父母的亲密程度越高，安全感知及隐私关注能力越高，F=9.613，SIG=0.000，差异显著；不同与父母亲密程度的青少年安全感知及隐私关注得分均高于全国总体水平。（见表附录 1–121、图附录 1–140）

表附录 1–121　不同与父母亲密程度的青少年安全感知及隐私关注差异性检验

	因变量：安全感知及隐私关注					
	平方和	自由度	均方	F	显著性	偏 Eta 平方
对比	13.887	2	6.943	9.613	0.000	0.007
误差	1850.495	2562	0.722			

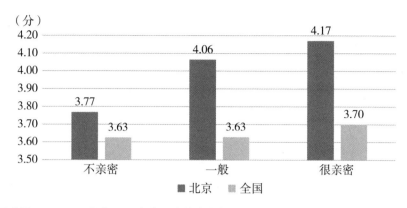

图附录 1-140 不同与父母亲密程度的青少年安全感知及隐私关注得分（五分制）

青少年与父母的亲密程度越高，安全行为及隐私保护能力越高，F=38.225，SIG=0.000，差异显著；不同与父母亲密程度的青少年安全行为及隐私保护得分均高于全国总体水平。（见表附录 1-122、图附录 1-141）

表附录 1-122 不同与父母亲密程度的青少年安全行为及隐私保护差异性检验

	平方和	自由度	均方	F	显著性	偏 Eta 平方
			因变量：安全行为及隐私保护			
对比	45.730	2	22.865	38.225	0.000	0.029
误差	1532.501	2562	0.598			

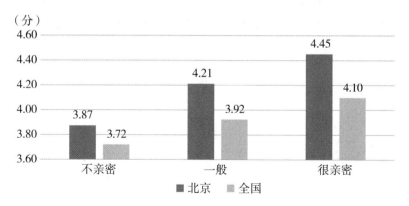

图附录 1-141 不同与父母亲密程度的青少年安全行为及隐私保护得分（五分制）

（6）与父母的亲密程度对网络价值认知和行为中的三个指标均有显著影响。

青少年与父母的亲密程度越高，网络规范认知能力越高，F=29.725，SIG=0.000，

差异显著；不同与父母亲密程度的青少年网络规范认知得分均高于全国总体水平。（见表附录 1-123、图附录 1-142）

表附录 1-123　不同与父母亲密程度的青少年网络规范认知差异性检验

因变量：网络规范认知						
	平方和	自由度	均方	F	显著性	偏 Eta 平方
对比	39.795	2	19.898	29.725	0.000	0.023
误差	1714.956	2562	0.669			

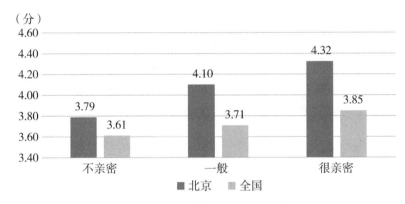

图附录 1-142　不同与父母亲密程度的青少年网络规范认知得分（五分制）

青少年与父母的亲密程度越高，网络暴力认知能力越高，F=13.116，SIG=0.000，差异显著；除与父母不亲密的青少年外，其余青少年网络暴力认知得分均高于全国总体水平。（见表附录 1-124、图附录 1-143）

表附录 1-124　不同与父母亲密程度的青少年网络暴力认知差异性检验

因变量：网络暴力认知						
	平方和	自由度	均方	F	显著性	偏 Eta 平方
对比	26.264	2	13.132	13.116	0.000	0.010
误差	2565.222	2562	1.001			

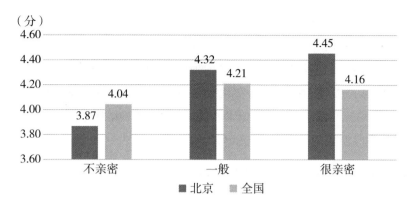

图附录 1-143 不同与父母亲密程度的青少年网络暴力认知得分（五分制）

青少年与父母的亲密程度越高，网络行为规范能力越高，F=11.802，SIG=0.000，差异显著；除与父母不亲密的青少年外，其余青少年网络行为规范得分均高于全国总体水平。（见表附录 1-125、图附录 1-144）

表附录 1-125 不同与父母亲密程度的青少年网络行为规范差异性检验

因变量：网络行为规范					
	平方和	自由度	均方	F	显著性	偏 Eta 平方
对比	27.690	2	13.845	11.802	0.000	0.009
误差	3005.436	2562	1.173			

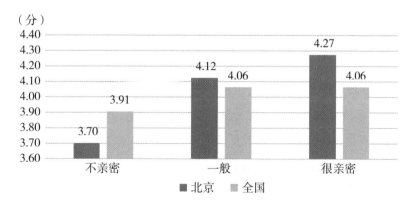

图附录 1-144 不同与父母亲密程度的青少年网络行为规范得分（五分制）

（四）学校影响因素分析

1.学校是否开设网络素养课程

（1）学校是否开设网络素养课程对上网注意力管理中的三个指标均有显著影响。

学校开设网络素养课程的青少年网络使用认知能力更高，F=88.543，SIG=0.000，差异显著；学校开设与不开设网络素养课程的青少年网络使用认知得分均高于全国总体水平。（见表附录1-126、图附录1-145）

表附录1-126　不同学校开设网络素养课程情况的青少年网络使用认知差异性检验

因变量：网络使用认知					
	平方和	自由度	均方	F	显著性	偏 Eta 平方
对比	42.609	1	42.609	88.543	0.000	0.033
误差	1232.901	2562	0.481			

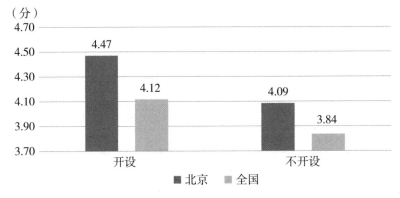

图附录1-145　不同学校开设网络素养课程情况的青少年网络使用认知得分（五分制）

学校开设网络素养课程的青少年网络情感控制能力更高，F=26.724，SIG=0.000，差异显著；学校开设网络素养课程的青少年网络情感控制得分高于全国总体水平，学校不开设课程的青少年得分低于全国。（见表附录1-127、图附录1-146）

表附录1-127　不同学校开设网络素养课程情况的青少年网络情感控制差异性检验

因变量：网络情感控制					
	平方和	自由度	均方	F	显著性	偏 Eta 平方
对比	24.247	1	24.247	26.724	0.000	0.010
误差	2324.466	2562	0.907			

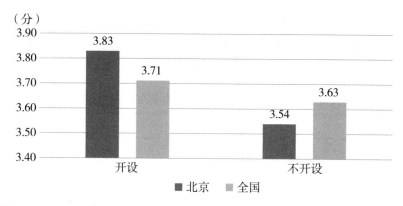

图附录 1–146　不同学校开设网络素养课程情况的青少年网络情感控制得分（五分制）

　　学校开设网络素养课程的青少年网络行为控制能力更高，F=12.158，SIG=0.000，差异显著；学校开设与不开设网络素养课程的青少年网络行为控制得分均高于全国总体水平。（见表附录 1–128、图附录 1–147）

表附录 1–128　不同学校开设网络素养课程情况的青少年网络行为控制差异性检验

因变量：网络行为控制					
	平方和	自由度	均方	F	显著性	偏 Eta 平方
对比	13.944	1	13.944	12.158	0.000	0.005
误差	2937.255	2561	1.147			

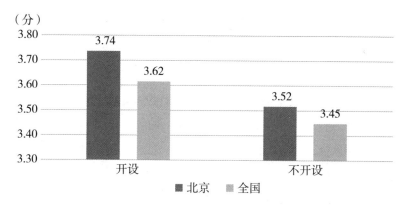

图附录 1–147　不同学校开设网络素养课程情况的青少年网络行为控制得分（五分制）

　　（2）学校是否开设网络素养课程对网络信息搜索与利用中的两个指标均有显著影响。

学校开设网络素养课程的青少年信息搜索与分辨能力更高，F=69.079，SIG=0.000，差异显著；学校开设与不开设网络素养课程的青少年信息搜索与分辨得分均高于全国总体水平。（见表附录1-129、图附录1-148）

表附录1-129　不同学校开设网络素养课程情况的青少年信息搜索与分辨差异性检验

因变量：信息搜索与分辨						
	平方和	自由度	均方	F	显著性	偏 Eta 平方
对比	35.705	1	35.705	69.079	0.000	0.026
误差	1324.226	2562	0.517			

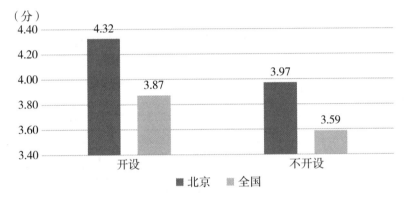

图附录1-148　不同学校开设网络素养课程情况的青少年信息搜索与分辨得分（五分制）

学校开设网络素养课程的青少年信息保存与利用能力更高，F=31.261，SIG=0.000，差异显著；学校开设与不开设网络素养课程的青少年信息保存与利用得分均高于全国总体水平。（见表附录1-13、图附录1-149）

表附录1-130　不同学校开设网络素养课程情况的青少年信息保存与利用差异性检验

因变量：信息保存与利用						
	平方和	自由度	均方	F	显著性	偏 Eta 平方
对比	20.602	1	20.602	31.261	0.000	0.012
误差	1688.487	2562	0.659			

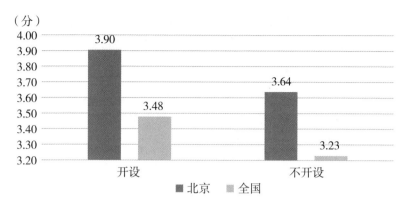

图附录 1-149 不同学校开设网络素养课程情况的青少年信息保存与利用得分（五分制）

（3）学校是否开设网络素养课程对网络信息分析与评价中的信息的辨析和批判、网络的主动认知和行为指标均有显著影响。

学校开设网络素养课程的青少年信息的辨析和批判能力更高，F=54.014，SIG=0.000，差异显著；学校开设与不开设网络素养课程的青少年信息的辨析和批判得分均高于全国总体水平。（见表附录 1-131、图附录 1-150）

表附录 1-131 不同学校开设网络素养课程情况的青少年信息的辨析和批判差异性检验

因变量：信息的辨析和批判					
	平方和	自由度	均方	F	显著性	偏 Eta 平方
对比	32.718	1	32.718	54.014	0.000	0.021
误差	1552.500	2563	0.606			

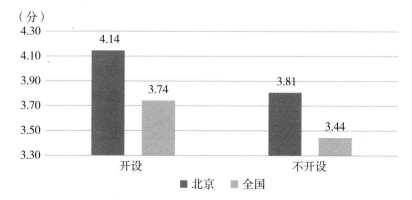

图附录 1-150 不同学校开设网络素养课程情况的青少年信息的辨析和批判得分（五分制）

学校开设网络素养课程的青少年网络的主动认知和行为表现更好，F=6.292，SIG=0.012，差异显著；学校开设与不开设网络素养课程的青少年网络的主动认知和行为得分均高于全国总体水平。（见表附录 1–132、图附录 1–151）

表附录 1–132　不同学校开设网络素养课程情况的青少年网络的主动认知和行为差异性检验

	因变量：网络的主动认知和行为					
	平方和	自由度	均方	F	显著性	偏 Eta 平方
对比	3.091	1	3.091	6.292	0.012	0.002
误差	1258.870	2563	0.491			

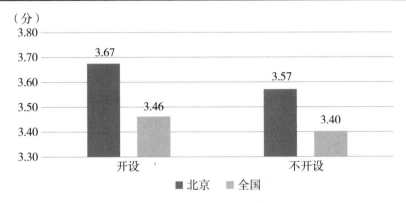

图附录 1–151　不同学校开设网络素养课程情况的青少年网络的主动认知和行为得分（五分制）

（4）学校是否开设网络素养课程对青少年网络印象管理中的四个指标均无显著影响。

（5）学校是否开设网络素养课程对网络信息与隐私保护中的两个指标均有显著影响。

学校开设网络素养课程的青少年安全感知及隐私关注表现更好，F=35.414，SIG=0.000，差异显著；学校开设与不开设网络素养课程的青少年安全感知及隐私关注得分均高于全国总体水平。（见表附录 1–133、图附录 3–152）

表附录 1–133　不同学校开设网络素养课程情况的青少年安全感知及隐私关注差异性检验

	因变量：安全感知及隐私关注					
	平方和	自由度	均方	F	显著性	偏 Eta 平方
对比	25.410	1	25.410	35.414	0.000	0.014
误差	1838.972	2563	0.718			

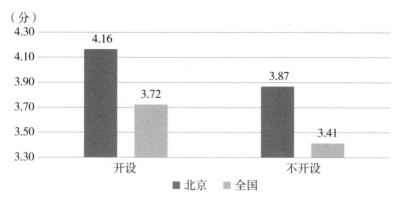

图附录 1-152　不同学校开设网络素养课程情况的青少年安全感知及隐私关注得分（五分制）

学校开设网络素养课程的青少年安全行为及隐私保护表现更好，F=45.752，SIG=0.000，差异显著；学校开设与不开设网络素养课程的青少年安全行为及隐私保护得分均高于全国总体水平。（见表附录 1-134、图附录 1-153）

表附录 1-134　不同学校开设网络素养课程情况的青少年安全行为及隐私保护差异性检验

	因变量：安全行为及隐私保护					
	平方和	自由度	均方	F	显著性	偏 Eta 平方
对比	27.679	1	27.679	45.752	0.000	0.018
误差	1550.552	2563	0.605			

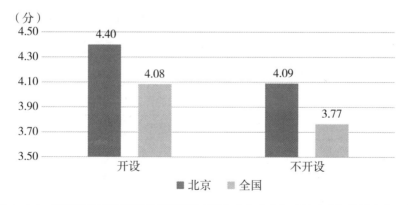

图附录 1-153　不同学校开设网络素养课程情况的青少年安全行为及隐私保护得分（五分制）

（6）学校是否开设网络素养课程对网络价值认知和行为中的所有指标均有显著影响。

学校开设网络素养课程的青少年网络规范认知能力更高，F=55.289，SIG=0.000，差异显著；学校开设与不开设网络素养课程的青少年网络规范认知得分均高于全国总体水平。（见表附录1-135、图附录1-154）

表附录1-135　不同学校开设网络素养课程情况的青少年网络规范认知差异性检验

因变量：网络规范认知						
	平方和	自由度	均方	F	显著性	偏 Eta 平方
对比	37.054	1	37.054	55.289	0.000	0.021
误差	1717.697	2563	0.670			

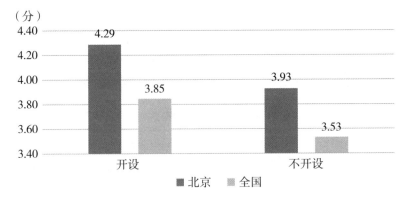

图附录1-154　不同学校开设网络素养课程情况的青少年网络规范认知得分（五分制）

学校开设网络素养课程的青少年网络暴力认知能力更高，F=7.149，SIG=0.008，差异显著；学校开设与不开设网络素养课程的青少年网络暴力认知得分均高于全国总体水平。（见表附录1-136、图附录1-155）

表附录1-136　不同学校开设网络素养课程情况的青少年网络暴力认知差异性检验

因变量：网络暴力认知						
	平方和	自由度	均方	F	显著性	偏 Eta 平方
对比	7.208	1	7.208	7.149	0.008	0.003
误差	2584.278	2563	1.008			

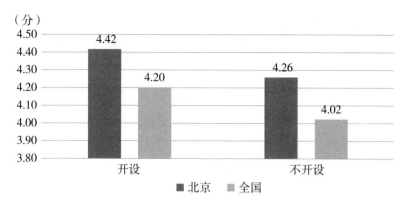

图附录 1-155 不同学校开设网络素养课程情况的青少年网络暴力认知得分（五分制）

学校开设网络素养课程的青少年网络行为规范表现更好，F=9.626，SIG=0.002，差异显著；学校开设与不开设网络素养课程的青少年网络行为规范得分均高于全国总体水平。（见表附录 1-137、图附录 1-156）

表附录 1-137 不同学校开设网络素养课程情况的青少年网络行为规范差异性检验

	因变量：网络行为规范					
	平方和	自由度	均方	F	显著性	偏 Eta 平方
对比	11.349	1	11.349	9.626	0.002	0.004
误差	3021.776	2563	1.179			

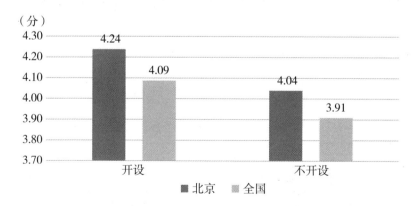

图附录 1-156 不同学校开设网络素养课程情况的青少年网络行为规范得分（五分制）

2.青少年在学校网络或媒介信息技术、素养类课程中的收获程度

（1）青少年在学校网络或媒介信息技术、素养类课程中的收获程度对上网注

意力管理中的三个指标均有显著影响。

课程收获程度越高的青少年网络使用认知能力越强，F=61.014，SIG=0.000，差异显著；不同课程收获程度的青少年网络使用认知得分均高于全国总体水平。（见表附录1-138、图附录1-157）

表附录1-138　不同课程收获程度的青少年网络使用认知差异性检验

因变量：网络使用认知					
	平方和	自由度	均方	F	显著性	偏 Eta 平方
对比	48.990	2	24.495	61.014	0.000	0.052
误差	895.260	2230	0.401			

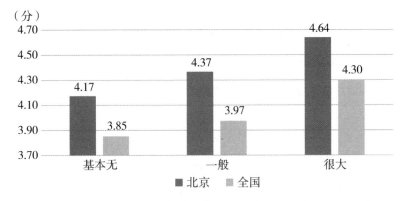

图附录1-157　不同课程收获程度的青少年网络使用认知得分（五分制）

课程收获程度越高的青少年网络情感控制能力越强，F=27.192，SIG=0.000，差异显著；课程基本无收获的青少年网络情感控制得分低于全国总体水平，其余收获程度的青少年得分均高于全国总体水平。（见表附录1-139、图附录1-158）

表附录1-139　不同课程收获程度的青少年网络情感控制差异性检验

因变量：网络情感控制					
	平方和	自由度	均方	F	显著性	偏 Eta 平方
对比	47.290	2	23.645	27.192	0.000	0.024
误差	1939.144	2230	0.870			

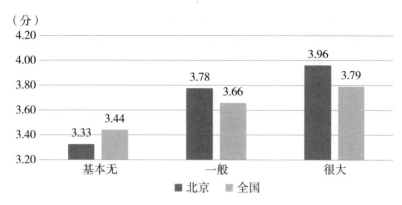

图附录 1-158 不同课程收获程度的青少年网络情感控制得分（五分制）

课程收获程度越高的青少年网络行为控制能力越强，F=71.417，SIG=0.000，差异显著；不同课程收获程度的青少年网络行为控制得分均高于全国总体水平。（见表附录 1-140、图附录 1-159）

表附录 1-140 不同课程收获程度的青少年网络行为控制差异性检验

	因变量：网络行为控制					
	平方和	自由度	均方	F	显著性	偏 Eta 平方
对比	153.147	2	76.573	71.417	0.000	0.060
误差	2389.950	2229	1.072			

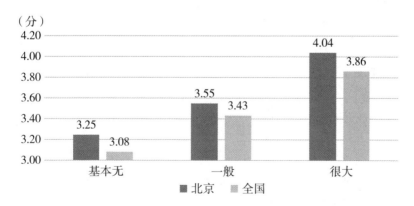

图附录 1-159 不同课程收获程度的青少年网络行为控制得分（五分制）

（2）青少年在学校网络或媒介信息技术、素养类课程中的收获程度对网络信息搜索与利用中的两个指标均有显著影响。

课程收获程度越高的青少年信息搜索与分辨能力越强，F=73.211，SIG=0.000，差异显著；不同课程收获程度的青少年信息搜索与分辨得分均高于全国总体水平。（见表附录 1–142、图附录 –160）

表附录 1–141　不同课程收获程度的青少年信息搜索与分辨差异性检验

	因变量：信息搜索与分辨					
	平方和	自由度	均方	F	显著性	偏 Eta 平方
对比	65.777	2	32.889	73.211	0.000	0.062
误差	1001.786	2230	0.449			

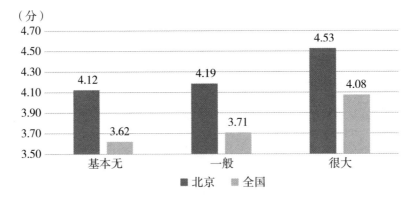

图附录 1–160　不同课程收获程度的青少年信息搜索与分辨得分（五分制）

课程收获程度越高的青少年信息保存与利用能力越强，F=41.280，SIG=0.000，差异显著；不同课程收获程度的青少年信息保存与利用得分均高于全国总体水平。（见表附录 1–142、图附录 1–161）

表附录 1–142　不同课程收获程度的青少年信息保存与利用差异性检验

	因变量：信息保存与利用					
	平方和	自由度	均方	F	显著性	偏 Eta 平方
对比	50.686	2	25.343	41.280	0.000	0.036
误差	1369.055	2230	0.614			

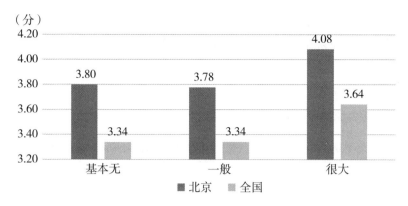

图附录 1-161　不同课程收获程度的青少年信息保存与利用得分（五分制）

（3）青少年在学校网络或媒介信息技术、素养类课程中的收获程度对网络信息分析与评价中的信息的辨析和批判有较显著影响。

课程收获程度越高的青少年信息的辨析和批判能力越强，F=55.194，SIG=0.000，差异显著；不同课程收获程度的青少年信息的辨析和批判得分均高于全国总体水平。（见表附录 1-143、图附录 1-162）

表附录 1-143　不同课程收获程度的青少年信息的辨析和批判差异性检验

因变量：信息的辨析和批判					
	平方和	自由度	均方	F	显著性	偏 Eta 平方
对比	59.691	2	29.846	55.194	0.000	0.047
误差	1206.389	2231	0.541			

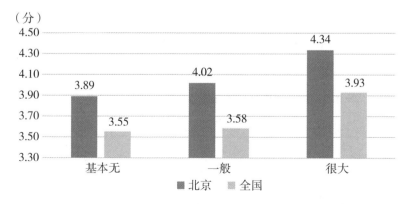

图附录 1-162　不同课程收获程度的青少年信息的辨析和批判得分（五分制）

（4）青少年在学校网络或媒介信息技术、素养类课程中的收获程度对网络印象管理中的迎合他人和社交互动两个指标有显著影响。

课程收获程度越高的青少年迎合他人的倾向越低，F=7.343，SIG=0.001，差异显著；不同课程收获程度的青少年迎合他人得分均低于全国总体水平。（见表附录1–144、图附录1–163）

表附录 1–144　不同课程收获程度的青少年迎合他人差异性检验

			因变量：迎合他人			
	平方和	自由度	均方	F	显著性	偏 Eta 平方
对比	22.974	2	11.487	7.343	0.001	0.007
误差	3490.208	2231	1.564			

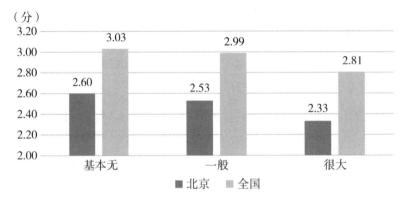

图附录 1–163　不同课程收获程度的青少年迎合他人得分（五分制）

课程收获程度越高的青少年社交互动的倾向越低，F=24.662，SIG=0.000，差异显著；不同课程收获程度的青少年社交互动得分均低于全国总体水平。（见表附录1–145、图附录1–164）

表附录 1–145　不同课程收获程度的青少年社交互动差异性检验

			因变量：社交互动			
	平方和	自由度	均方	F	显著性	偏 Eta 平方
对比	60.123	2	30.061	24.662	0.000	0.022
误差	2719.481	2231	1.219			

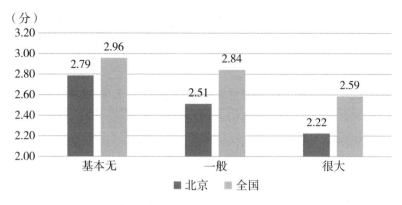

图附录1-164 不同课程收获程度的青少年社交互动得分（五分制）

（5）青少年在学校网络或媒介信息技术、素养类课程中的收获程度对网络信息与隐私保护中的两个指标均有显著影响。

课程收获程度越高的青少年安全感知及隐私关注能力越高，F=12.354，SIG=0.000，差异显著；不同课程收获程度的青少年安全感知及隐私关注得分均高于全国总体水平。（见表附录1-146、图附录1-165）

表附录1-146 不同课程收获程度的青少年安全感知及隐私关注差异性检验

因变量：安全感知及隐私关注					
	平方和	自由度	均方	F	显著性	偏 Eta 平方
对比	16.410	2	8.205	12.354	0.000	0.011
误差	1481.682	2231	0.664			

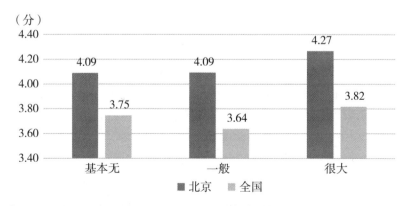

图附录1-165 不同课程收获程度的青少年安全感知及隐私关注得分（五分制）

课程收获程度越高的青少年安全行为及隐私保护能力越高，F=29.049，SIG=0.000，差异显著；不同课程收获程度的青少年安全行为及隐私保护得分均高于全国总体水平。（见表附录1–147、图附录1–166）

表附录1–147　不同课程收获程度的青少年安全行为及隐私保护差异性检验

				因变量：安全行为及隐私保护		
	平方和	自由度	均方	F	显著性	偏 Eta 平方
对比	30.905	2	15.453	29.049	0.000	0.025
误差	1186.773	2231	0.532			

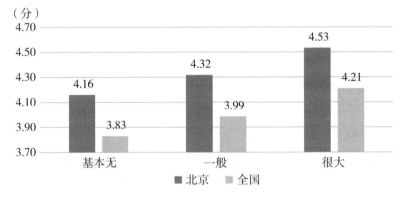

图附录1–166　不同课程收获程度的青少年安全行为及隐私保护得分（五分制）

（6）青少年在学校网络或媒介信息技术、素养类课程中的收获程度对网络价值认知和行为中的三个指标均有显著影响。

课程收获程度越高的青少年网络规范认知越高，F=48.659，SIG=0.000，差异显著；不同课程收获程度的青少年网络规范认知得分均高于全国总体水平。（见表附录1–148、图附录1–167）

表附录1–148　不同课程收获程度的青少年网络规范认知差异性检验

				因变量：网络规范认知		
	平方和	自由度	均方	F	显著性	偏 Eta 平方
对比	58.434	2	29.217	48.659	0.000	0.042
误差	1339.602	2231	0.600			

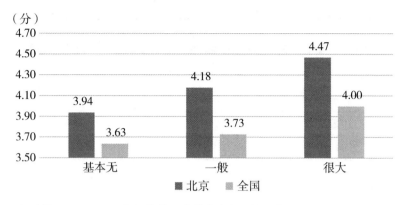

图附录 1-167 不同课程收获程度的青少年网络规范认知得分（五分制）

课程收获程度一般的青少年网络暴力认知最高，F=7.249，SIG=0.001，差异显著；不同课程收获程度的青少年网络暴力认知得分均高于全国总体水平。（见表附录 1-149、图附录 1-168）

表附录 1-149 不同课程收获程度的青少年网络暴力认知差异性检验

因变量：网络暴力认知					
	平方和	自由度	均方	F	显著性	偏 Eta 平方
对比	14.223	2	7.112	7.249	0.001	0.006
误差	2188.832	2231	0.981			

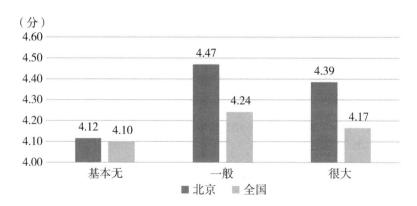

图附录 1-168 不同课程收获程度的青少年网络暴力认知得分（五分制）

课程收获程度一般的青少年网络行为规范表现最好，F=12.860，SIG=0.000，差异显著；除基本无收获的青少年外，不同课程收获程度的青少年网络行为规范

得分均高于全国总体水平。（见表附录1-150、图附录1-169）

表附录1-150　不同课程收获程度的青少年网络行为规范差异性检验

因变量：网络行为规范					
	平方和	自由度	均方	F	显著性	偏 Eta 平方
对比	29.220	2	14.610	12.860	0.000	0.011
误差	2534.567	2231	1.136			

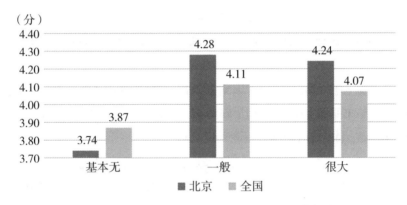

图附录1-169　不同课程收获程度的青少年网络行为规范得分（五分制）

3. 与同学讨论网络内容的频率

（1）与同学讨论网络内容的频率对上网注意力管理中的网络情感控制指标有显著影响。

偶尔与同学讨论网络内容的青少年网络情感控制能力强，F=24.720，SIG=0.000，差异显著；不同与同学讨论网络内容频率的青少年网络情感控制得分均高于全国总体水平.（见表附录1-151、图附录1-170）

表附录1-151　不同与同学讨论网络内容频率的青少年网络情感控制差异性检验

因变量：网络情感控制					
	平方和	自由度	均方	F	显著性	偏 Eta 平方
对比	44.482	2	22.241	24.720	0.000	0.019
误差	2304.231	2561	0.900			

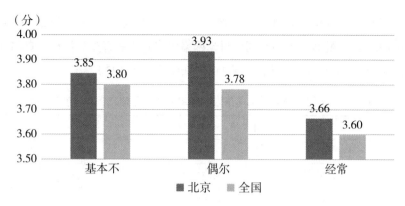

图附录 1-170 不同与同学讨论网络内容频率的青少年网络情感控制得分（五分制）

（2）与同学讨论网络内容的频率对网络信息搜索与利用中的两个指标均有显著影响。

与同学讨论网络内容越频繁，青少年信息搜索与分辨能力越强，F=16.675，SIG=0.000，差异显著；不同与同学讨论网络内容频率的青少年信息搜索与分辨得分均高于全国总体水平。（见表附录 1-152、图附录 1-171）

表附录 1-152 不同与同学讨论网络内容频率的青少年信息搜索与分辨差异性检验

	因变量：信息搜索与分辨					
	平方和	自由度	均方	F	显著性	偏 Eta 平方
对比	17.482	2	8.741	16.675	0.000	0.013
误差	1342.449	2561	0.524			

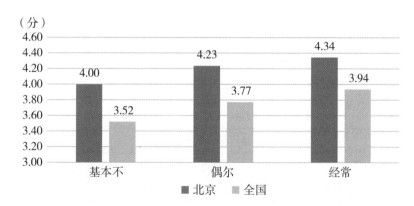

图附录 1-171 不同与同学讨论网络内容频率的青少年信息搜索与分辨得分（五分制）

与同学讨论网络内容越频繁，青少年信息保存与利用能力越强，F=80.554，SIG=0.000，差异显著；不同与同学讨论网络内容频率的青少年信息保存与利用得分均高于全国总体水平。（见表附录1-153、图附录1-172）

表附录1-153　不同与同学讨论网络内容频率的青少年信息保存与利用差异性检验

因变量：信息保存与利用						
	平方和	自由度	均方	F	显著性	偏 Eta 平方
对比	101.153	2	50.577	80.554	0.000	0.059
误差	1607.936	2561	0.628			

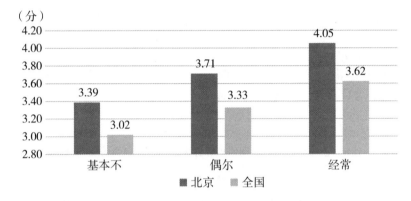

图附录1-172　不同与同学讨论网络内容频率的青少年信息保存与利用得分（五分制）

（3）与同学讨论网络内容的频率对网络信息分析与评价中的两个指标均有显著影响。

与同学讨论网络内容越频繁，青少年信息的辨析和批判能力越强，F=20.075，SIG=0.000，差异显著；不同与同学讨论网络内容频率的青少年信息的辨析和批判得分均高于全国总体水平。（见表附录1-154、图附录1-173）

表附录1-154　不同与同学讨论网络内容频率的青少年信息的辨析和批判差异性检验

因变量：信息的辨析和批判						
	平方和	自由度	均方	F	显著性	偏 Eta 平方
对比	24.459	2	12.229	20.075	0.000	0.015
误差	1560.760	2562	0.609			

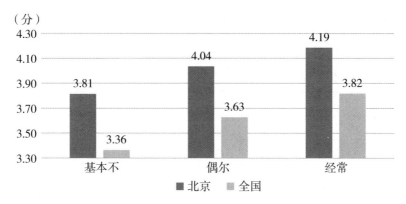

图附录 1-173 不同与同学讨论网络内容频率的青少年信息的辨析和批判得分（五分制）

偶尔与同学讨论网络内容的青少年网络的主动认知和行为的能力最高，F=3.021，SIG=0.049，差异显著；不同与同学讨论网络内容频率的青少年网络的主动认知和行为得分均高于全国总体水平。（见表附录 1-155、图附录 1-174）

表附录 1-155 不同与同学讨论网络内容频率的青少年网络的主动认知和行为差异性检验

因变量：网络的主动认知和行为					
	平方和	自由度	均方	F	显著性	偏 Eta 平方
对比	2.969	2	1.485	3.021	0.049	0.002
误差	1258.992	2562	0.491			

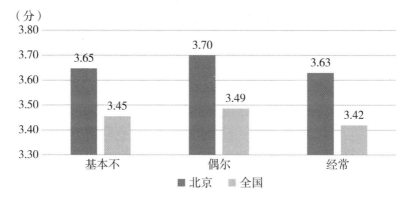

图附录 1-174 不同与同学讨论网络内容频率的青少年网络的主动认知和行为得分（五分制）

（4）与同学讨论网络内容的频率对网络印象管理中的四个指标均有显著影响。

与同学讨论网络内容越频繁，青少年迎合他人的倾向越低，F=60.172，SIG=0.000，

差异显著；不同与同学讨论网络内容频率的青少年迎合他人得分均低于全国总体水平。（见表附录1–156、图附录1–175）

表附录1–156 不同与同学讨论网络内容频率的青少年迎合他人差异性检验

因变量：迎合他人					
	平方和	自由度	均方	F	显著性	偏 Eta 平方
对比	183.934	2	91.967	60.172	0.000	0.045
误差	3915.760	2562	1.528			

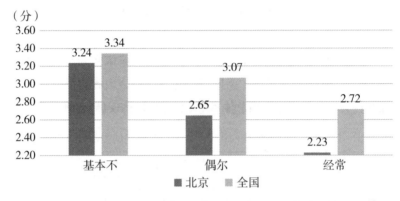

图附录1–175 不同与同学讨论网络内容频率的青少年迎合他人得分（五分制）

与同学讨论网络内容越频繁，青少年社交互动的倾向越低，F=38.742，SIG=0.000，差异显著；不同与同学讨论网络内容频率的青少年社交互动得分均低于全国总体水平。（见表附录1–157、图附录1–176）

表附录1–157 不同与同学讨论网络内容频率的青少年社交互动差异性检验

因变量：社交互动					
	平方和	自由度	均方	F	显著性	偏 Eta 平方
对比	95.668	2	47.834	38.742	0.000	0.029
误差	3163.278	2562	1.235			

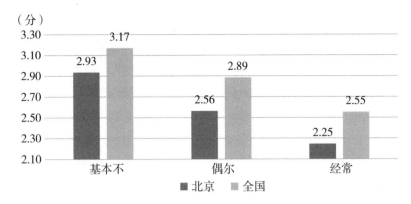

图附录 1-176 不同与同学讨论网络内容频率的青少年社交互动得分（五分制）

与同学讨论网络内容越频繁，青少年自我宣传的倾向越低，F=83.398，SIG=0.000，差异显著；除基本不与同学讨论网络内容的青少年，其他青少年的自我宣传得分均低于全国总体水平。（见表附录 1-158、图附录 1-177）

表附录 1-158 不同与同学讨论网络内容频率的青少年自我宣传差异性检验

因变量：自我宣传					
	平方和	自由度	均方	F	显著性	偏 Eta 平方
对比	198.895	2	99.447	83.398	0.000	0.061
误差	3055.035	2562	1.192			

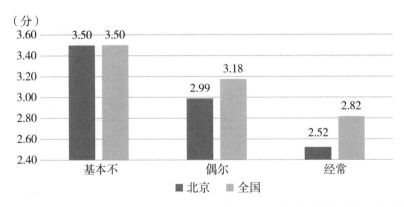

图附录 1-177 不同与同学讨论网络内容频率的青少年自我宣传得分（五分制）

与同学讨论网络内容越频繁，青少年形象期望的倾向越低，F=56.680，SIG=0.000，差异显著；不同与同学讨论网络内容频率的青少年形象期望得分均低

于全国总体水平。（见表附录1-159、图附录1-178）

表附录1-159　不同与同学讨论网络内容频率的青少年形象期望差异性检验

	因变量：形象期望					
	平方和	自由度	均方	F	显著性	偏 Eta 平方
对比	117.286	2	58.643	56.680	0.000	0.042
误差	2650.744	2562	1.035			

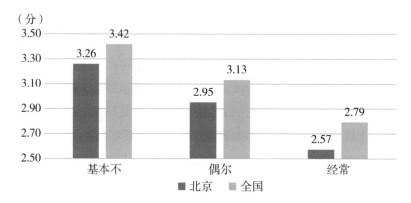

图附录1-178　不同与同学讨论网络内容频率的青少年形象期望得分（五分制）

（5）与同学讨论网络内容的频率对青少年网络信息与隐私保护中的两个指标均有显著影响。

与同学讨论网络内容越频繁，青少年安全感知及隐私关注能力越强，F=32.766，SIG=0.000，差异显著；不同与同学讨论网络内容频率的青少年安全感知及隐私关注得分均高于全国总体水平。（见表附录1-160、图附录1-179）

表附录1-160　不同与同学讨论网络内容频率的青少年安全感知及隐私关注差异性检验

	因变量：安全感知及隐私关注					
	平方和	自由度	均方	F	显著性	偏 Eta 平方
对比	46.498	2	23.249	32.766	0.000	0.025
误差	1817.884	2562	0.710			

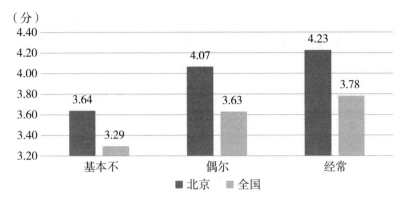

图附录 1-179 不同与同学讨论网络内容频率的青少年安全感知及隐私关注得分（五分制）

与同学讨论网络内容越频繁，青少年安全行为及隐私保护能力越强，F=12.227，SIG=0.000，差异显著；不同与同学讨论网络内容频率的青少年安全行为及隐私保护得分均高于全国总体水平。（见表附录 1-161、图附录 1-180）

表附录 1-161 不同与同学讨论网络内容频率的青少年安全行为及隐私保护差异性检验

因变量：安全行为及隐私保护					
	平方和	自由度	均方	F	显著性	偏 Eta 平方
对比	14.921	2	7.461	12.227	0.000	0.009
误差	1563.310	2562	0.610			

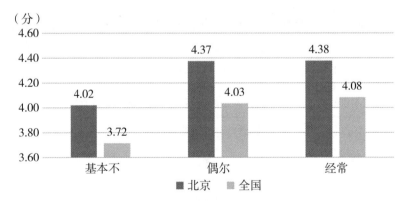

图附录 1-180 不同与同学讨论网络内容频率的青少年安全行为及隐私保护得分（五分制）

（6）与同学讨论网络内容的频率对青少年网络价值认知和行为中的三个指标均有显著影响。

青少年的网络规范认知水平随着与同学讨论网络内容的频率的升高而增强，F=11.450，SIG=0.000，差异显著；不同与同学讨论网络内容频率的青少年网络规范认知得分均高于全国总体水平。（见表附录1–162、图附录1–181）

表附录1–162　不同与同学讨论网络内容频率的青少年网络规范认知差异性检验

因变量：网络规范认知					
	平方和	自由度	均方	F	显著性	偏Eta平方
对比	15.546	2	7.773	11.450	0.000	0.009
误差	1739.205	2562	0.679			

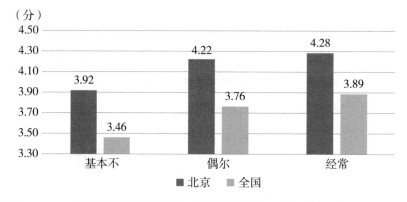

图附录1–181　不同与同学讨论网络内容频率的青少年网络规范认知得分（五分制）

偶尔与同学讨论网络内容的青少年的网络暴力认知水平最高，F=20.354，SIG=0.000，差异显著；不同与同学讨论网络内容频率的青少年网络暴力认知得分均高于全国总体水平。（见表附录1–163、图附录1–182）

表附录1–163　不同与同学讨论网络内容频率的青少年网络暴力认知差异性检验

因变量：网络暴力认知					
	平方和	自由度	均方	F	显著性	偏Eta平方
对比	40.532	2	20.266	20.354	0.000	0.016
误差	2550.954	2562	0.996			

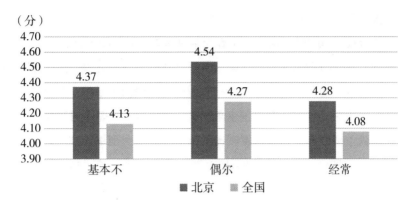

图附录 1-182　不同与同学讨论网络内容频率的青少年网络暴力认知得分（五分制）

偶尔与同学讨论网络内容的青少年的网络行为规范水平最高，F=23.847，SIG=0.000，差异显著；不同与同学讨论网络内容频率的青少年网络行为规范得分均高于全国总体水平。（见表附录 1-164、图附录 1-183）

表附录 1-164　不同与同学讨论网络内容频率的青少年网络行为规范差异性检验

因变量：网络行为规范					
	平方和	自由度	均方	F	显著性	偏 Eta 平方
对比	55.434	2	27.717	23.847	0.000	0.018
误差	2977.692	2562	1.162			

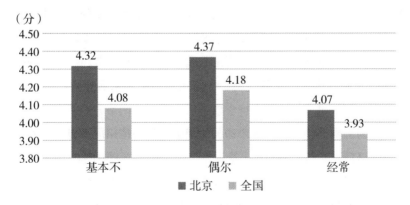

图附录 1-183　不同与同学讨论网络内容频率的青少年网络行为规范得分（五分制）

四、青少年网络素养提升和优化路径

（一）"赋权""赋能""赋义"是青少年网络素养的核心理念

互联网在中国飞速发展了 30 年，由网络化、数字化演进到今天的智能化，互联网以"连接一切"的方式作用于社会，极大地激活了个体，深度嵌入我国社会经济和人民生活，成为影响中国未来发展的重要因素。基于青少年网络素养的量化研究成果，结合青少年成长发展的现实语境和社会土壤，针对青少年的网络素养的培养和发展这一议题，我们认为"赋权""赋能"和"赋义"是网络素养培育的核心理念。

1.赋权：促进青少年自我发展

"赋权"，即青少年作为网络原住民，从出生起便生活在网络世界和现实世界交融的独特生存空间中。"赋权"就是要赋予青少年在实践中提升自我发展能力的权利，除了鼓励青少年去认知和接触现实世界，也应该顺应青少年在网络世界中探索未知的天性，帮助青少年通过网络与现实世界建立与社会的联系，强调实践对认知和综合能力的提升作用，尊重青少年的自由精神与探究本能。

2.赋能：培养青少年上网能力

"赋能"是一种能力构建教育，有利于使青少年利用网络自我发展为"智慧网络人"，即培养青少年的上网注意力管理能力、网络信息搜索与利用能力、网络信息分析与评价能力、网络印象管理能力、网络安全保护能力、网络道德行为能力等，使青少年可以娴熟地使用网络媒体，也让他们能够更好地参与社会活动和发声，并利用互联网在虚拟和现实的交互中便捷解决复杂问题，让网络真正为青少年所用。2022 年 10 月，国家互联网信息办公室发布的《未成年人网络保护条例》第二章"网络素养促进"中指出，国务院教育行政部门应当将网络素养教育纳入学校素质教育内容，并会同国家网信部门制定未成年人网络素养测评指标。教育行政部门应当指导、支持学校开展未成年人网络素养教育，围绕网络道德意识和行为准则、网络法治观念和行为规范、网络使用能力建设、人身财产安全保护等，培育未成年人网络安全意识、文明素养、行为习惯和防护技能。

3.赋义：使青少年理解网络价值内涵

"赋义"，是要在更深层次上进行网络价值教育，挖掘优秀传统文化中道德教育资源，使青少年能够正确认识和理解网络使用的价值和意义，把握网络伦理道德，自觉遵守网络行为规范。网络"赋义"，是一个长期的过程，需要通过家庭、学校和社会共同的教育引导，挖掘中华优秀传统文化中的道德要求和伦理规范，

与社会主义核心价值观相结合，形成网络道德规范，深入青少年心中，内化为具体网络行为准则，培养其网络信息筛选、目的判别与意义建构的能力，从而使他们能够在纷繁复杂的网络环境中识别、剔除不良信息和无用的碎片化信息，在网络探索和使用的过程中发现内在的意义与自我成长的价值。

（二）实施青少年网络素养个人能力提升行动计划，着力建设基于人工智能的个性化学习平台和体验式实践平台

青少年应认识到网络素养的重要性，将网络素养内化于心、外化于行，以达成安全、健康和高效使用网络的目标。建议实施青少年网络素养个人能力提升行动计划，着力建设基于人工智能的个性化学习平台和体验式实践平台。

1. 将网络作为学习平台，建设基于人工智能的个性化学习平台，发挥网络的正向价值

网络可以为青少年提供丰富的学习资源，在信息网络环境中，应发挥网络的正向价值，为青少年构建网络学习社区，更好地提升青少年的自身素质和能力。调查结果显示，青少年的网络技能熟练度对于网络素养具有显著影响，因此青少年应不断提高网络控制能力，使网络能够充分"为我所用"。互联网为使用者提供了其行动的主要条件和空间，青少年也可以根据自己关于互联网的知识结构和能力进行个性化学习，参与网络上关于社会话题的讨论，参加有利于自己发展的网络团体，在公共领域累积更丰富的知识和行动经验，将网络作为学习的平台不断积累知识、提升自我。

2. 加强自我管理，提升互联网使用能力

一是保护信息和隐私安全，防范各项风险。青少年应该学习和了解网络安全的相关知识，掌握基础的网络安全常识与问题处理能力，例如下载官方正版软件、软件杀毒等；要注意提高信息安全和隐私防范意识，特别在社交媒体、网上交易、需要填写个人账户密码或真实信息的情境中，要时刻戒备已知和未知的风险。面对自己既陌生又不能确定安全性的网络信息时，应告诉父母或重要监护人。

二是加强注意力管理，谨防网络成瘾。青少年正处在需要接收有益信息的关键时期，应该主动地将注意力放在与自己生活息息相关的高质量、高价值的信息上，避免迷失在复杂、开放、即时的信息环境中，形成注意力倾向的长期偏差，甚至影响正常生活。为了避免网络成瘾，青少年应主动构建起远离诱惑的环境，实现情境隔离；定期监测屏幕使用时间、手机打开次数等，形成注意力管理曲

线；制定网络使用计划表并开始改变，通过规定的方式限制自己的使用时间，当阶段性地完成目标时给予自己奖励，直到养成新的习惯。

三是提升网络道德修养，遵守网络规范。在使用网络时，青少年会接收到海量的信息，应该学会辨别筛选，自觉抵制网络媒介中尤其是网络游戏中的不文明话语与暴力色情场景；培养理性上网的习惯，避免群体极化与认知偏见；尊重知识产权，不剽窃、盗用他人的知识成果或网络账号。青少年要更加审慎地对待网络信息和网络关系，对于低俗信息和违法信息要坚决予以抵制，对于来源不明或真相不清的信息理性看待，摒弃非黑即白的极端化思维，不盲从、不站队、不扣帽子，拒绝网络暴力，理性思考，就事论事。青少年要不断提升自身思想道德修养和增强法律意识，并把传统的道德范式、法律意识上升为道德习惯、道德信念和法律观念，规范网络行为，自觉遵守道德准则、规范。

四是提高网络信息分析与评价能力，学会批判性解读。通过互联网获取有效的信息并对信息进行鉴别与分析是互联网用户的一项必备技能。在当前的互联网环境下，青少年除了需要掌握必要的媒介技能以适应社会之外，还需要形成一定的信息分析与评价能力。学会批判地解读互联网媒介所传递的信息，包括理性对待网络广告、意识到网络所构建的是一个拟态环境、认真鉴别信息真伪、学会运用多种渠道对信息进行核实，从而与网络建立起良性互动关系。

3. 利用新技术提升信息搜索能力，建设体验式实践平台

搜索引擎在智能时代逐渐演变为生成式人工智能（AIGC）。生成式人工智能是指基于算法、模型、规则生成文本、图片、声音、视频、代码等内容的技术。ChatGPT 是基于大型语言模型（Large Language Model，LLM）预训练的新型生成式人工智能。生成式人工智能的变革性体现在三个方面：一是适用场景广泛，未设定明显的应用场景边界，可广泛服务于信息检索、社交互动、内容创作等多元使用动机；二是生成内容智能化、类人化，生成内容高度近似于人类的思维模式，输出内容体现连贯性与逻辑性；三是具备鲜明的对话式、社交式特征，可根据用户生成内容不断自我学习，具有与用户构建情感化社交关系的潜力，或可极大提升用户的使用体验。

生成式人工智能是"真正可定制的 AI 伙伴"。2023 年，微软宣布支持将聊天机器人 ChatGPT（Chat Generative Pre-trained Transformer）的技术整合到最新版本的必应搜索引擎和 Edge 浏览器中，从而拉开了大型科技公司人工智能（AI）竞赛的序幕。通过与研发 ChatGPT 的 OpenAI 公司合作，必应会构建于一个新的

大型语言模型上，比 ChatGPT 更强大。更新后的必应在传统搜索结果的右侧提供了一个带有注释的 AI 答案框。用户还可点击新出现的"聊天"标签，它将用一个类似于 ChatGPT 的聊天界面取代网页，搜索领域迎来了新的时代。ChatGPT 在自然语言处理技术上的进化升级，将为用户提供更直接有效的信息检索内容。ChatGPT 有助于打造下一代搜索引擎，如微软打造的新必应搜索（New Bing）在这方面已经走在了同行前列。2023 年 5 月，OpenAI 公司宣布向所有 ChatGPT Plus 用户开放联网功能和众多插件。联网功能对 ChatGPT 来讲就好比潜入了"数字的海洋"，它可以获取最新数据、得知最新事件，并提供给用户更准确的答复。ChatGPT 插件是专门设计用于扩展 ChatGPT 功能的互联网连接工具。插件功能相当于给 ChatGPT 配备了一套工具箱，将更大范围地扩展其理解力、集成性和实用性。拥有更多插件的 ChatGPT 将不再只是一个健谈的 AI，而是一个多功能的 AI，将 ChatGPT 定位为"真正可定制的 AI 伙伴"。建设基于大模型的体验式学习平台是我们教育改革创新的必然趋势和客观需要。

4. 提高主体意识，警惕数字压力

研究结果显示，青少年处于比较大的数字压力环境之下。在网络世界的探索过程中，青少年需要形成更加独立的自主意识，将网络内容为自己所用，而不是迷失在复杂的网络信息与关系中。个人可以制作每天或每周的上网计划，在上网前明确使用的目的、范围和时间，在搜索和利用信息时有明确的目标，不过分发散去浏览其他内容。在使用手机时，也要认识到手机的工具性，明白手机中的虚拟世界和社交关系只是现实世界的延续或投影，要立足现实，自己确定手机使用的时间和规范，不过度沉迷碎片化的信息和网络游戏。

青少年要更多地关注现实世界，加强与父母、朋友的交流，合理分配网络使用时间，减少对娱乐软件和网络游戏等应用的依赖。青少年要学会维护和开展自身的网络社交，认识到网络社交只是现实社交的一种延续，可以通过网络适度地展示自己、便利与朋友交往，而不要过分地看重或沉迷于网络聊天，也无须过度在意他人看法，提高身处于网络世界的主体性意识。

5. 正视网络功能，提高网络效能感

研究发现，青少年个人层面的因素基本上都会对个体的网络效能感水平形成显著的影响，因此，青少年应当正视网络带来的优势和弊端。虽然提高上网时长和网络熟练度可以有效地提升个体的网络效能感，但在实际情况下，也应当控制自身使用网络进行其他娱乐行为的频率。

青少年的网络压力多来自繁杂的信息堆砌，和与他人不同程度的互动或对比所带来的焦虑感，因此，对于青少年个体提升网络效能感的重中之重，应当是调节自身对于网络的态度，客观看待使用网络所产生的心理变化和情绪反应，多和父母、老师进行沟通，将心中的想法及时反馈，从而降低使用网络的不良情绪和对网络的负面态度。

6. 管理网络形象，提高网络印象管理能力

网络世界与真实世界交叠程度不断加深，青少年作为网生代，更多地通过网络平台分享生活、呈现自我、维系人际关系，在网络平台塑造、完善个人形象已成为其必备的网络素养。

数据结果显示，青少年网络印象管理的平均得分最低，因此，青少年在网络探索的过程中，要从自身出发，正确地认识自己、剖析自我，管理自己在网络中的形象；正确认识网络平台的双刃剑作用，具备批判精神、良好的思维、辩证与分析能力；充分发挥主观能动性，随着网络平台的迭代发展，不断提升自己使用网络的能力，根据不同网络平台与各自受众的特点，选择合适的方式和内容进行创造、发布，学会利用不同策略维护、管理自己的网络印象。

（三）实施青少年家庭网络素养教育计划，赋能家长的网络素养能力提升

家庭教育对青少年的成长起着潜移默化的作用。对于网络素养教育而言，一方面，以血缘为纽带的家庭教育具有独特的感染性优势，家长对孩子的性格特点、行为习惯、教育状况、思想动态等相对较了解，他们的教育引导更具针对性。另一方面，家长的上网习惯会对青少年的上网行为产生直接的影响。

1. 言传身教，提高自身网络素养水平

在网络素养的家庭教育方面，家长首先要提高自身的网络素养水平，如管理自己使用网络的时间、增强对网络信息的分析鉴别能力、客观认识网络的利与弊，不能在孩子与自己使用网络时区别对待，从而使孩子产生割裂感或者家长双标的不信任感。对于孩子的上网行为，不能一味地采用禁止态度或认为网络是"洪水猛兽"，也不能对孩子的网络使用行为放任不管，要理性看待，学会换位思考，认识到孩子上网的原因和需求，合理引导。家长自己要在日常生活中做好表率，并主动学习和网络相关的一些知识，如新媒体的使用、网络隐私的管理、网络素养的内容等，从而更好地教育孩子。

父亲、母亲在家庭教育的过程中要有针对性地提高自身的网络素养水平，共同承担起陪伴青少年成长、发展的责任。在教育过程中，父母可以根据自己不同

的角色定位进行差异化教育。调查结果显示，在中介效应的作用下，母亲学历对网络信息分析与评价的影响显著，母亲学历越高的青少年在网络信息分析与评价中的表现越好，因此母亲可以在网络信息分析与评价方面多给予正向影响，与父亲分工，共同帮助孩子提升网络素养。

2. 注重沟通，构建良好家庭氛围

调研数据显示，青少年与父母讨论网络内容的频率越高，网络素养越高；青少年与父母亲密程度越高，网络素养也越高；父母干预上网活动的频率越低，青少年网络素养越高；整体而言，家庭氛围越好，青少年网络素养越高；家庭氛围一般的青少年，网络素养相对较低。

家长对于中学生的教育和引导，应该在平等的语境下进行，学会换位思考，主动搭建起亲子沟通的平台，营造良好的家庭氛围，只有这样，孩子才愿意敞开心扉与家长交流，家长也能够更好地了解他们的思想动态与所遇问题，更好地帮助孩子成长。家长要空出时间，多陪伴孩子读书或出去游玩，减少在孩子面前使用短视频类和游戏类等娱乐应用。对青少年的上网行为，建议父母报以宽容、理解的态度，养成与青少年平等讨论和分享的良好习惯，和孩子建立更有效的沟通方式，指导他们正确认识网络上的信息、内容和社交关系；给孩子更多的积极反馈、更多的任务和决定权，增加孩子的成就感。家长要多观察青少年使用网络的时间和状态，善于倾听孩子对网络行为的困惑。在尊重隐私的前提下，通过与孩子的沟通交流发现问题，如是否存在网络成瘾的现象，孩子是否缺乏相应的注意力管理能力等。

3. 安全上网，引导孩子鉴别网络信息

青少年作为数字原住民，对于信息缺少足够的鉴别能力，家长要培养孩子在信息整理、分类技巧以及辨别垃圾信息方面的能力，培养孩子正确的价值观，避免有害信息对青少年造成伤害。当孩子在上网过程中遇到有害信息时及时进行教育和引导，告知孩子这些信息可能产生的危害与风险，使孩子能够树立起安全上网的观念。

家长也要足够重视网络安全问题，并在日常生活中向孩子讲解网络安全的相关知识，包括避免泄露自己的真实信息、通过社交网络聊天时的注意事项等，密切关注孩子在网络上的隐私和权限设置，告知孩子哪些信息是可以被应用访问、哪些信息是禁止访问的，并帮助孩子在网络上设置安全的密码，定期检查网络中是否含有病毒和恶意软件等，防患于未然。

4. 文明上网，引导孩子正确参与网络互动

青少年拥有利用互联网进行自由表达、参与网络互动的权利。家长要指导孩子文明上网，合理地利用网络进行知识学习、信息获取、交流沟通与娱乐休闲，积极参加网络上一些规范的学习社群和兴趣小组；教导孩子注意上网规范，不传播未经核实的信息、不侮辱欺骗他人、不浏览不良信息、不发表极端言论、不盲从站队等。

印象管理作为网络素养的组成部分，是青少年网络互动的表现，家长应承担起榜样模范、陪伴引导的作用，教导孩子恰当利用网络为自己塑造良好形象，发现孩子在网络平台发布的内容不合时宜或有损自身形象时及时提醒制止；教导孩子网络世界同样需要遵守现实世界沟通的准则，培养起孩子在网络互动中的同理心和尊重意识，避免孩子参与或者被卷入网络欺凌和网络暴力中。

5. 有效介入，适度干预孩子上网行为

对媒介信息的分析评价能力是网络素养的重要组成部分，它更侧重于信息的认知过程。在日常生活中，家长应关注孩子的网络体验，及时抓住对孩子进行网络素养教育的机会，指导他们正确认识网络上的信息，并帮助孩子分辨网络信息的真伪和价值。例如，当上网的过程中遇到网络广告时，家长可以与孩子进行讨论，包括这则网络广告是怎样运作的，为我们营造了一个怎样的环境，它为什么会让我们产生购买的欲望，等等，从而让他们成为理智的消费者。

参与孩子的网络生活也是避免孩子网络成瘾的有效手段。父母要适度干预青少年的上网行为，应采取多种形式和方法，多维度地介入，必要时可以制定科学的家庭上网规则，比如与孩子商量制订网络使用计划表，让孩子养成先完成学习任务再上网的习惯。

6. 共同学习，建设网络素养家长课堂

家庭教育是青少年网络素养教育中的重要一环，因此家长应树立起与孩子共同学习的观念，只有自身的网络素养不断提高，才能引导孩子更好地应对日益复杂的网络环境。对此，应建设起网络素养家长课堂，以指导父母加强青少年网络素养家庭教育。

建设网络素养家长课堂的具体措施可包括：政府牵头开办网络素养教育培训班，帮助家长指导孩子正确使用网络，着重培养孩子的鉴别力；大中小学举办线上网络素养教育讲座和研讨会，为学生家长提供讨论与分享如何指导孩子使用互联网的在线交流平台；高校与社会科研机构等共同开发定制家长网络素养教育课

程与指导手册；政府与企业深度合作，鼓励互联网信息供应商开发并推广绿色家庭上网系统，帮助特定年龄群体过滤不良信息等。

（四）构建青少年网络素养教育生态系统，发挥学校的主阵地作用

学校是教书育人的场所，也是青少年成长发展的主阵地，学校教育是媒介素养教育的基础和关键，没有一种教育方式可以与学校系统化、规模化、正规化的教育方式相提并论。信息科技课程是提升全体学生网络素养的主要途径，教材则是课程教学质量的保障。但目前，各地使用的教材版本众多，部分教材出版时间较早，加之课程内容偏重计算机相关操作，涉及学科科学性的内容偏少，同时各地设施设备差异也较大，尤其是西部边远地区的学校，基础教育条件还很差，这些都影响了人们对课程的正确认知，导致课程在各地的受重视程度差异极大，课程的育人目标较难得到很好实现。

目前，我国中小学尚未形成统一的网络教育课程体系，以及有些学校尚未开展网络教育课程，课程设置、教学内容、师资培训、教学方式等都还有待加强。学校的网络素养教育中，网络行为规范知识、网络防沉迷知识、网络相关法律知识、信息网络安全知识等的学习需要尽快弥补短板。

1. 建立网络素养教育体系，明确网络使用规则

学校应明确学生的网络使用规则，让学生在潜移默化之中树立起遵守规则的意识，促进学生在校内外均能健康上网、文明上网和安全上网。规则应以国家的法律法规为蓝本，包括但不限于个人信息保护的注意事项、网络发布信息的具体规则、维护网络文明的方法、谨防网络诈骗的要求等，引导学生积极了解和掌握有关网络和社交媒体的法律法规，使学生自觉遵守并承担可能产生的法律后果，创造健康向上的网络使用氛围。

2. 完善相关课程设置，开设独立式或融入式课程

调研数据显示，学校是否有移动设备管理规定，青少年在网络技术、素养类课程中的收获程度，与同学讨论网络内容的频繁程度均对青少年网络素养有显著影响。目前，信息科技课程教育的主渠道作用没有得到彰显，商业公司通过参差不齐的教学内容、各类竞赛，诱导家长非理性教育消费。建议政府相关部门根据不同年龄阶段的学生，制定明确的网络素养能力要求，学校据此设立课程大纲与具体教学目标，开设网络素养教育的独立式课程或融入式课程。

现有学校网络课程的设置多聚焦于网络使用能力培养，在此基础上，应该适当增加网络行为规范、信息辨别、信息搜索与利用、网络安全、网络道德等知识

的教学培养；注意网络素养教育的跨学科合作，可以将网络素养教育融入美育、思想道德等课程之中，通过融入式的课程教育提升青少年的网络素养；对于不断变化的网络世界，应适时革新信息技术课程，引入相关的网络概念、前沿网络技术等内容，例如可以在课程中讲解大数据的作用、5G 技术的意义、元宇宙的发展等；要重视网络素养课程的教学效果，建立多元化的课程评价体系，强调过程评价，注重评价的全面性与综合性。同时，学校也不应只局限于电脑端的教学，手机已经成为人们最常用的网络设备，建议学校也专门就智能手机的使用、注意事项、隐私保护等内容进行讲解，保证青少年能够在信息技术课程中真正学有所得、学有所用、学有所成，能够更理性、合理地认识网络、使用网络。除此之外，调研数据显示，年级对网络素养中的不同指标均有显著影响，因此学校要注意不同学段青少年的网络素养特点，进行差异化教育。

具体的教学策略（如课程单元、课时安排等）需要进行媒介教育研究的专业部门以及教育学方面的专家在此次调查研究结果的基础上，根据不同地区与学校的具体情况进行共同商定。

3.加强教师网络素养培训，使教师观念与时俱进

在网络素养教育体系建设中，教师处于第一线和十分重要的位置上。多年来受各种因素影响，信息科技教师队伍整体专业化水平落后于其他学科教师，学科地位弱化，不少教师是来自其他学科的兼职教师。建议学校定期组织教师开展培训工作，提升教师的网络素养与心理疏导能力。同时，提升教师网络素养，不仅要对他们的网络观念、网络知识等进行培训，也要重视培训媒体应用方面的教学方法与教学能力。教师应积极探索和适应新时代的网络教学模式，在日常授课中，善于利用多种媒介形式授课，这既能够使课程生动有趣，也能够利用丰富的网络资源充实课程内容，还能够为中学生营造网络学习环境，帮助他们提前接触和适应网络。

教师应积极主动帮助学生提升适应和辨析网络的能力，可以就网络中的学生最常接触到的社交媒体、游戏、广告等的生产制作流程，以及制作团队的意图、目的为学生进行客观和理智的分析，让他们对网络保持谨慎和开放心态，更加理性地看待自身接触到的媒介环境。教师还可以通过召开主题班会的形式，就网络游戏的成瘾机制、网络社交的注意事项等为学生进行分析，让他们保持更加审慎的态度，理性看待媒介环境与网络应用。教育相关部门应编写教师网络素养指导手册，帮助教师提升网络素养与教学能力，使教师能够更好地指导学生正视网

络、使用网络，也能够在学生遇到网络问题时帮助学生排解压力、解决问题。

4.尊重学生主体性，将理论教学与实践锻炼紧密结合

网络素养不仅是一种技能技巧，更是一种思维方式和行为习惯。为了培养起正确的思维方式与行为习惯，需要长时间的实践。学校要形成课内与课外、理论与实践紧密结合的多渠道、多形式的网络素养教育和引导机制，不仅要将网络素养知识融入相关课堂教学，还要兼顾理论学习和实践应用，帮助学生学以致用，使青少年能够将知识建构、技能培养与思维发展融入运用数字化工具解决问题过程中，体验知识的社会性建构。

在教学过程中，要尊重学生的主体性和独立性，结合其思想、学习和生活的实际情况，引导学生自我培育。同时要注重实践锻炼，将网络素养教育置于一定的媒介情境之中，在实践中深化学生对知识的理解，从而使其有意识地对网络行为进行自我管理和约束。

5.引入第三方力量，发挥社会大课堂作用

数据显示，青少年所在地区、户口类型的差异对其网络素养不同指标有所影响，这种差异的改善更需要社会的参与，学校要积极引入社会、媒体、社区、企业、公益组织等第三方力量，开展媒体进校园、进课堂、进社团等系列活动。同时，鼓励青少年进行参与式、交流式、拓展式的媒介体验和社会实践活动，使网络素养教育得以突破小小的一方校园。

（五）政府完善法制、监管与社会保障制度，为青少年创建风清气正的网络空间

政府对于统筹协调网络素养发展全局发挥着至关重要的作用，应不断健全相关法律法规，组织各个部门，建立起网络综合管理模式，为青少年创建风清气正的网络空间，促进下一代的健康成长。

1.推行网络素养教育政策，提供制度保障

目前，我国仍未建立起网络素养教育统一机制，这使得学校、家庭在教育时缺乏依据和抓手。政府相关部门应充分发挥组织协调功能，推行切实有效的网络素养教育政策，可以借鉴西方发达国家关于青少年网络素养教育的经验，在制度和政策制定方面进行规范，此为解决青少年乃至全民网络素养教育问题的最根本途径。同时，教育部门也要制定相应的学校网络素养教育政策，提供该类学科与教材建设的理论指导意见，尤其需要制定青少年网络素养的培养标准，明晰青少年网络素养的能力标准，以此为基础积极引导学校进行网络素养教育课程设置等

创新性教学改革。另外，除了培养未成年人的安全上网意识外，还应全面提升包括未成年人、监护人和学校教师等在内的大众网络素养教育水平，建议尽快研究制定"全民网络素养"规划，通过提高公众整体网络素养，帮助青少年正确认识、使用互联网。

2. 加速网络法治建设，实现有效监管

针对"网络素养的培养与提升"这一解决青少年相关网络问题的关键，目前我国已有政策与规定中仍较为缺乏。政府相关部门须加速网络法治建设，不断完善相应的法律法规，让公共网络管理切实做到有法可依、有法必依，做到执法必严、违法必究，坚决抵制暴力、色情等多种不良网络信息，重拳打击隐私泄露与网络诈骗等违法行为，为青少年营造文明、和谐、清朗的网络空间。

同时，相关部门应研究并推广青少年网络保护机制，建立标准明确的"青少年网络内容准入"体系，严厉打击传播暴力色情等有害信息、宣传低俗媚俗网络文化、煽动网络群体对立、散播网络谣言、在网络空间对青少年实施伤害的违法犯罪行为；采取专门的行政手段、技术手段正本清源，第一时间将对未成年人有害的信息进行拦截、屏蔽和清除。

3. 推动城乡未成年人更加公平地使用互联网，弥补数字鸿沟。我国未成年人基本实现"无人不网"，显著高于全国互联网普及率，未成年人使用互联网的主要问题已经从"如何用上"变为"如何用好"。在这种情况下，提升农村未成年人网络素养就成了下一阶段重要工作目标。推动改善未成年人以休闲娱乐为主要上网需求的现状，结合未成年人兴趣特点，开发寓教于乐、互动性强、适合未成年人使用的应用，推动未成年人对互联网的认知从"玩具"向"工具"转变。强化学校对未成年人上网技能方面的实用性教育，结合学校实际情况，加强未成年人对信息搜索、文档编辑、音视频剪辑、基础编程等技能的学习应用，同时，积极拓展人工智能等网络新技术的认知教育。加强农村地区，特别是留守儿童集中地区中小学网络常识、网络技能、网络规范、网络安全等方面的教育，帮助农村未成年人善用网络，真正助力学习、生活和发展。

4. 成立网络健康指导委员会，推动网络健康计划

成立各级各类网络健康指导委员会，旨在协调政府各部门资源推动网络健康计划，处理网络不良信息。委员会可提倡互联网企业和社会公共部门共同合作开展网络健康项目，如通过建立种子基金的方式，用以：（1）建立专业的青少年网络素养研培机构，向网络素养缺失的青少年及其家庭和学校提供专业性服务；（2）鼓励和

支持开展青少年网络素养的基础和应用研究；（3）建立青少年网络素养提升与干预专业网站，向有需要的青少年、家庭和学校提供各种在线服务。各级各类网络健康指导委员会应协助并支持互联网企业以及社会相关组织，为青少年及其家长举办网络素养教育项目，项目应属于非营利性质，以最大范围地促进受众网络素养的提升。

（六）互联网平台形成行业自律与行业规范，落实主体责任

在青少年网络素养的培育过程中，互联网平台和传媒企业必须落实主体责任，重视青少年网络安全以及青少年网络素养提升，切实履行自律自查规范，兼顾社会效益与经济效益，探索如何利用数字技术为青少年打造健康友好的网络环境。

1. 严格落实国家法律规定

2020 年 10 月，国家修订了《中华人民共和国未成年人保护法》并已在 2021 年 6 月 1 日开始实施，对互联网企业在青少年网络素养培养中所担责任及具体要求做了明确规定。其中提出：网络产品和服务提供者不得向未成年人提供诱导其沉迷的产品和服务；网络游戏、网络直播、网络音视频、网络社交等网络服务提供者应当针对未成年人使用其服务设置相应的时间管理、权限管理、消费管理等功能；网络游戏服务提供者应当按照国家有关规定和标准，对游戏产品进行分类，作出适龄提示，并采取技术措施，不得让未成年人接触不适宜的游戏或者游戏功能；网络游戏服务提供者应当建立、完善预防未成年人沉迷网络游戏的游戏规则，对可能诱发未成年人沉迷网络游戏的游戏规则进行技术改造；等等。2021 年 8 月 30 日，国家新闻出版署下发了《关于进一步严格管理切实防止未成年人沉迷网络游戏的通知》，进一步限制了向未成年人提供网络游戏服务的时间，所有网络游戏企业仅可在周五、周六、周日和法定节假日每日 20 时至 21 时向未成年人提供 1 小时网络游戏服务；严格落实网络游戏用户账号实名注册和登录要求，所有网络游戏必须接入国家新闻出版署网络游戏防沉迷实名验证系统。

针对国家下发的一系列法律法规，许多传媒企业积极履行企业责任，落实相关规定，在一定程度上起到了引导和保护的作用。例如，腾讯、网易等游戏厂商推进防沉迷新规在旗下游戏中的落实，在游戏中加入未成年人防沉迷系统，帮助孩子控制网络游戏时间，达到了一定成效。传媒企业应不断提升针对青少年的网络保护能力，依据相关法律法规，进一步完善保护机制与监管体系，从设计根源防止青少年网络成瘾。

2. 加强网络信息内容生态治理

调研发现，部分媒体平台的青少年模式仍充斥着色情暴力等低俗内容，对青少年的身心健康有极大的危害。网络信息内容服务平台企业应当履行信息内容管理主体责任，加强本平台网络信息内容生态治理，培育积极健康、向上向善的网络文化。《网络信息内容生态治理规定》鼓励网络信息内容服务平台开发适合未成年人使用的模式，提供适合未成年人使用的网络产品和服务，便利未成年人获取有益身心健康的信息。网络信息内容服务平台是网络信息内容传播服务的提供者，应当重点建立网络信息内容生态治理机制，增强社会责任感，弘扬正能量，反对违法信息，防范和抵制不良信息；制定本平台网络信息内容生态治理细则；健全平台未成年人保护制度，重点应当建立和完善用户注册、账号管理、应急处置和网络谣言、黑色产业链信息处置等制度。传媒企业应做到有效监管，积极配合政府监管部门，构建有利于青少年网络素养提升的行业规则，从源头为青少年创造安全健康的网络环境。

3. 进一步优化未成年人模式

目前仍有许多孩子企图利用规定的漏洞绕开监管，进行违规游戏登录、直播打赏等行为。针对"未成年人模式"存在的空子，平台应该进一步优化功能设置，提高未成年人身份识别的准确性，增强未成年人保护的有效性。

在加强监管、清理内容的基础上，互联网平台还应该推进管理理念创新，积极丰富青少年模式的内容与形式，促使孩子们从根上认同和喜爱青少年模式。传媒平台应充分认识到，"未成年人模式"不应只是管住、守住孩子，而是服务好青少年这一特殊群体，还应让其成为传递知识、培养兴趣的学习渠道。平台设置需要考虑受众的身心特点和需求，进一步丰富和细化平台供给的内容池，为青少年提供的内容能够匹配他们的年龄和需求，兼顾娱乐性与教育性，打造更多青少年喜闻乐见的内容，在媒介传播中服务于网络素养教育的要求，帮助青少年真正获得成长。

4. 加强网络素养科普教育

帮助青少年提升网络素养是传媒企业义不容辞的社会责任，目前来看，传媒企业主动开展的科学普及和教育学习活动相对较少，没有积极落实传媒企业的主体责任。对此，传媒企业应加强网络素养科普教育，主动"走出去""引进来"，积极开展具有多元互动、参与体验沉浸式的科学普及和开放教育以及志愿服务活动，开放优质科学教育活动和资源，设置和完善"开放日"活动，让青少年走进传媒企业，揭开"神秘面纱"，解构互联网游戏，建立科学的游戏观；通过"走出去"，加强与传媒、专业科普组织合作，及时普及重大科技成果，开展传媒企业进校园、进课堂、进社团等系列活动，同时鼓励青少年进行参与式、交流式、拓展式的媒介体验和社会实践活动，使青少年在社会实践活动中获得观念和认知上的提升。

（七）集结社会各界力量共同促进青少年网络素养提升，构建多方协同机制

青少年网络素养的提升需要全社会的重视与参与，社会各界应从全社会的长远利益出发，充分发挥各自的职能，共同为构建良性、健康的网络文化氛围而不断努力。

1.社会组织联合企业开展青少年网络素养项目、计划、活动等

中国互联网发展基金会的乡村青少年网络素养加油站项目、腾讯家长服务园地、阿里巴巴的松果公益等，均是以社会力量提升青少年网络素养的有力手段。但目前存在的问题是单点成绩突出、普遍性成就不足，过于依靠互联网龙头企业与专业青少年教育组织。因此，下一步需要依靠政府牵头，动员以互联网企业为代表的全体社会组织，加强对青少年网络素养教育的重视，开展青少年网络素养项目，推动实施绿色网络健康计划，完善适用于青少年网络素养水平衡量的测评体系，研制关于青少年网络素养培养的家长行动指南，提供热线咨询、指导、评价和预警服务；设立青少年网络素养公益教育基金，研制数字时代全民网络素养教育规划和行动计划，以线下或线上的具体形式将青少年网络素养教育切实落地，营造全社会重视和提升网络素养的现实环境；开展青少年网络素养教育公益活动，投放"未成年人网络素养"公益课程，赋能青少年网络素养；通过与教育机构、中小学合作，开展"未成年人网络创作大赛"，在参与创造中提升网络素养，树立正确的网络价值观。

2.青少年网络素养教育基地提高建设普及性和规范性

青少年网络素养教育基地是直接提升当地青少年网络素养水平的强效手段，如浙江、安徽等省近年来通过网络素养基地的建设，均积累了丰富的青少年网络素养教育经验。目前，国内各地已有不少青少年网络素养教育基地处于建设过程之中，但从整体来讲仍存在供小于求的问题，因此需进一步加强各地基地建设的普及性，从立法部门、政府、司法部门或社会机构，聘请青少年保护社会监督专家，为青少年网络素养提升提供专业保护；组建网络素养提升志愿服务队并设立相关岗位，完善青少年网络素养提升机制，推进基地建设专业化、规范化、常态

化发展。在加速建设的同时，一定要严守科学化、规范化的教育原则，强化基地建设审核与监管标准，杜绝违法违规类社会机构的出现。

3. 大众传媒发挥正向引导功能，促成良好传播效果

大众传媒具有舆论导向、道德引领、教育大众的功能，对于青少年网络素养的塑造具有重要意义，必须发挥其引导作用。目前，媒体以网络成瘾的危害和个别严重案例为主要报道内容，实际上大量有关成瘾行为的研究已经证明，只强调行为的危害对于改变人们的成瘾行为效果甚微，仅聚焦于网络成瘾也不利于多维度网络素养水平的提升。媒介组织应与网络素养相关学术机构合作，基于科研成果开展全面、科学的新闻宣传和报道，加大有关网络对促进青少年发挥积极作用的报道力度，引导青少年积极关注和使用网络的正向功能。

具体而言，针对青少年网络素养教育，新闻媒体可以聚焦中小学开展网络素养知识传播活动，或者以当前的网络热点问题作为切入口开设互动平台，在和师生的深度互动交流中潜移默化地渗透网络素养教育。而校园媒体则可以利用校园网、广播台、校刊等渠道，开展网络素养教育普及与宣传，借助校园媒体受众群体稳定的特点和优势，打造良好的校园教育宣传环境，力争促成"润物细无声"的传播与引导效果。此外，社交媒体平台上的意见领袖、网络红人也都具有广泛的社会影响力和粉丝流量，对于青少年群体的价值选择与判断具有巨大的引导作用。因此，意见领袖和网络红人们自身的网络素养和价值观倾向至关重要，这要求他们在网络发布相关言论时，必须承担起与自身影响力相匹配的引导责任，遵守网络道德规范，积极倡导正能量的社会舆论。此外，具体到每一位网络用户，也应该加强自身的网络素养建设，给青少年以健康的价值观指引，传递正能量，形成风清气正、健康和谐的网络环境。

附录2

大学生网络素养与网络成瘾倾向之间的关系研究

绪 论

一、选题背景

中国互联网络信息中心（CNNIC）在 2024 年 3 月发布的第 53 次《中国互联网络发展状况统计报告》显示，截至 2023 年 12 月，我国网民规模达 10.92 亿，互联网普及率达 77.5%，较 2022 年 12 月增长 2480 万人，网民规模持续提升，网络接入环境更加多元。其中，20—29 岁群体占比为 13.7%，在整个网民年龄阶段占比中为第六位。（见图附录 2-1）

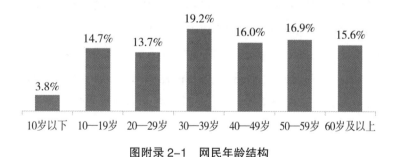

图附录 2-1　网民年龄结构

来源：CNNIC 中国互联网络发展状况统计调查

2022 年 4 月，国务院新闻办公室发布《新时代的中国青年》白皮书，该书指出互联网已经成为当代青少年不可或缺的生活方式、成长空间、"第六感官"。随着互联网的快速普及，越来越多的青年便捷地获取信息、交流思想、交友互动、购物消费，青年的学习、生活和工作方式发生深刻改变。网络化社会中，互联网已然成为社会的神经系统，给人们社会生活的方方面面带来重大变革。当代大学生大多出生于 1995 年、2000 年之后，是与互联网共同成长的一代，互联网如空气般渗透进大学生生活的方方面面，伴随着他们成长与发展。当代大学生对于各种技术与应用早已习以为常，认知模式和学习行为等也都带有明显的网络化特性。大学生正处于身心发展的快速成长期，不仅需要满足作为学生的学习需求，更需要完成寻求社会角色和规划职业生涯等重要任务，网络成为大学生与外界社会交流的通道，满足了大学生对于不断变化着的世界的好奇心，为其生活、学习、就业与社会交往都提供了极大的便利，大学生在网络世界畅游的过程同时也是探索新世界、实现自我价值的过程。

然而，互联网是一把"双刃剑"，大学生在享受网络所提供的便利服务的同时，也容易被网络世界无处不在的风险所影响，出现网络依赖甚至是网络成瘾的行为。当代大学生群体身处于无处不在的网络环境中，并成为网络成瘾的高风险群体，近年来大学生网络成瘾的事件也屡见不鲜。系列真实案例表明，当陷入网络成瘾之后，大学生不仅会遭遇视力下降、颈背部疼痛、睡眠不足和睡眠质量低等生理问题，还会遭遇认知功能削弱、交流能力萎缩、负面情绪和精神障碍增加等心理问题。大学生是祖国未来发展的重要力量，网络成瘾不仅对大学生个人的身心健康产生消极的影响，长久来看，也不利于国家和社会的进步。

2022 年 5 月 10 日，庆祝中国共青团成立 100 周年大会上，习近平总书记指出，各级党委（党组）要倾注极大热忱研究青年成长规律和时代特点，拿出极大精力抓青年工作，做青年朋友的知心人、青年工作的热心人、青年群众的引路人。在互联网高速发展的时代，如何引导大学生正确地使用网络，避免网络沉迷，成为各级学校和社会组织都必须重视和解决的新课题，为此，针对大学生网络成瘾现象开展系统的网络素养教育，构建网络素养视角下的大学生网络成瘾预防路径显得尤为重要。

二、选题意义

（一）理论意义

目前，学界针对网络素养和网络成瘾的相关研究成果均比较丰富，但是将网络素养和网络成瘾联系起来考察，探讨二者之间关联的研究却十分缺乏。在互联网时代，网络素养已成为个体生存和发展所必须具备的重要素质，一方面，网络成瘾会对提高网络素养能力产生一定程度的干扰；另一方面，网络素养教育的开展或许会成为避免个体陷入网络成瘾局面的有力武器。因此，分析网络素养与网络成瘾之间的相关性，探索网络素养可能会对网络成瘾所产生的影响十分必要，可以有效地补充现有研究，填补目前学界研究的空白，并为网络成瘾以及网络素养的相关研究开辟新视角、提供新思路。

网络成瘾作为一项在大学生群体中越来越普遍的现实性议题，需要投以更多的关注，其测量标准和影响因素也应该随着技术的迭代更新和现实语境的不断变化而进行拓展。本研究将在已有研究的基础上，构建起新的、本土化的、更适合中国当代大学生使用的网络成瘾量表，以期能够更加准确地测量出大学生网络成瘾状况，完善现有的网络成瘾测量标准和理论框架。此外，本研究还将在 2017年、2020 年、2022 年中国青少年网络素养调查中使用、取得丰富数据成果的青少年 Sea-ism 网络素养框架作为大学生网络素养的测量工具，以具体分析网络素养各个维度对网络成瘾产生的影响，构建起网络成瘾的影响因素模型。

（二）实践意义

当代中国青年是与网络社会同向同行、共同前进的一代，是中国网民群体中的重要组成部分，更是未来社会建设的主体力量，因此要时刻关注青年的发展动态，保护当代青年的身心健康和网络安全。本研究通过大学生网络素养和网络成瘾问卷的编制和发放，可以获取最新的大学生网络使用数据，多角度、全方位地了解大学生网络使用现状，进一步了解网络对当代大学生的影响，研究导致其网络成瘾的多方面原因。

针对大学生网络使用的具体特点，本研究将提出相应的对策建议，从个体、家庭、学校、社会等多个主体出发构建网络素养视角下的大学生网络成瘾预防路径，帮助大学生提高网络素养水平、规避网络成瘾风险，增强大学生科学、文明、安全、合理使用网络的意识和能力，提高大学生自身的媒介生存能力，使其能够在纷繁复杂的网络空间中保持清醒、趋利避害；同时，本研究调查大学生的网络使用状况也是充分响应"网络强国"的号召，希望可以充分发挥网络的积极作用为当代青年赋能，为政府和社会组织提高互联网治理能力提出有益建议，为构建未来健康、文明的网络生态提供助力。

三、国内外研究现状分析

（一）大学生网络素养

青年大学生是互联网时代的原住民，其思考方式和行为习惯受到了网络的较大影响。罗艺通过对大学生网络素养相关研究的聚类分析发现，大学生网络素养研究集中在现状与对策研究、载体研究、网络行为研究、应用能力研究、价值观引导研究、心理研究、思想舆情研究、教育途径研究和特殊群体研究九个方面，未来关于大学生网络素养的研究可以向明晰网络素养教育和引导的责任主体，着重价值观教育和共生环境的影响因素分析，以及整合家庭、学校和社会的"大德育"体系的培育对策研究几个核心领域发展。

关于大学生网络素养的内涵，李梦莹认为大学生网络素养是一种包括网络基本知识和网络使用的基本技能、网络道德意识、网络法律意识、网络安全意识和健康的网络心理等多个方面的综合素养。叶定剑指出，大学生的网络素养是指大学生在使用网络资源时展现出的正确、积极的能力，主要包括网络安全意识、网络技术水平、网络守法自律习惯、网络道德情操以及参与网络建设的能力等。李彦根据对新疆少数民族大学生网络素养的考查，将大学生网络素养定义为在网络传播信息和参与网络生活过程中，个体应具备的一系列能力、素质和修养，包括网络媒介认知能力、网络资源利用能力等七个方面。

学者们还通过实际的调查总结出大学生网络素养的现状特征。贝静红在2005年向国内的69所高校发放了2000余份问卷，发现大学生具有一定的网络媒介认知、网络道德素养和网络信息批判反应意识，但在网络安全意识、网络自我管理能力和网络应用能力上较为薄弱，并提出了要充分发挥学校教育、社会教化、家庭培育以及大学生的内化作用四条具体建议。沈洁通过对1382名大学生的调查发现，大学生目前的网络素养维持在较高水平，但网络空间自我意识得分相对最低。当代大学生对社会主义核心价值观的认同程度普遍较高，网络素养的各个维度都与其具有显著正相关的关系。胡余波等在浙江省107所高校的大学生中发放了3000份问卷，发现当前大学生的网络素养普遍存在缺乏自主学习意识、独立批判意识、时间管理意识、自我发展意识和道德责任意识等问题。刘雯在信息连接过载的视角下考察当代大学生网络素养的现实特征，发现当下用户画像趋向后受众化、社交情境趋向冷热分化、传播内容趋向兴趣分化、互动模式趋向圈层分化、信息筛选趋向流量窄化、消费意识趋向被诱导化几项特点。

前文关于大学生网络素养的研究揭示了有关大学生网络素养的不同层次，为了调查中国大学生网络素养的最新情况，本研究提出研究问题如下：

研究问题1：中国大学生群体的网络素养水平是怎样的？

（二）网络成瘾

1. 概念界定

广义上的"成瘾"指的是尽管对自己或者他人有害，但仍然持续性地且不断强迫自己做出某种行为。"成瘾"这一概念最初源于临床医学领域，用来描述个体对药物的依赖现象，WHO（世界卫生组织）将药物成瘾定义为一种强迫性、周期性的药物使用行为，个体失去了对药物使用的控制能力。当药物摄入被中断时，成瘾者会出现生理上的不良反应，如成瘾者依赖酒精、尼古丁或者咖啡因。后来"成瘾"的概念渐渐扩展到行为领域，用来解释个体过度沉迷于某种事物或活动的现象，包括且不限于赌博成瘾、吸毒成瘾等。行为成瘾的描述范围越来越广泛，具体指的是一种异常的行为模式，由于个体反复沉溺于这些活动，不仅会让自身陷入痛苦之中，还会对其生理和心理健康、职业表现以及社交能力等产生显著的不良影响。

将行为成瘾的概念进行延伸，网络成瘾也就指的是对网络过度沉迷，从而不断延长上网时间并难以离开网络世界。美国心理学家Goldberg首先将网络成瘾现象命名为"互联网成瘾症"（Internet Addiction Disorder，IAD），并认为网络成瘾主要是一种应对机制。Young则从对病理性赌博的判断标准中发展出网络的概念，认为网络成瘾更像是一种冲动控制障碍。此外，Young主要将网络成瘾分为四个亚类，分别为网络性成瘾（cyber sexual addiction）、网络关系成瘾（cyber relationship addiction）、网络信息的过度下载（information overload）、网络游戏成瘾（cyber game addiction）。Armstrong认为网络成瘾伴随着许多行为和冲动控制上的问题，如网络性成瘾、网络关系成瘾、网络强迫行为、信息收集成瘾等。Davis将病态网络使用（Pathological Internet Use，PIU）的概念用于描述网络成瘾。陶然课题组将网络成瘾定义为个体反复过度使用网络所引发的一种精神行为障碍，具体表现为对网络的再度使用产生强烈的渴望，一旦停止或减少网络使用，便会出现明显的戒断反应，并伴随精神及躯体上的症状。

目前，官方对青少年网络成瘾的概念定义可参见《中国青少年健康教育核心信息及释义（2018年版）》，网络成瘾指的是一种在无成瘾物质作用下，个体对互联网使用产生冲动并表现出行为失控的现象，特征包括过度使用互联网后所引发的学业、职业和社会功能方面的明显损伤。

2. 测量标准

在网络成瘾的测量标准上，国内外学者开发了许多网络成瘾量表。1996 年和 1997 年，美国心理学会对于网络成瘾的症状标准进行了讨论，并提出了耐受性、戒断症状等 7 种成瘾症状，认为网络用户如果在一年中出现其中 3 种症状即为网络成瘾。

美国学者 Young 以 DSM-IV（《美国精神障碍诊断与统计手册》）中病理性赌博的 10 项诊断标准为参照，编制出了网络成瘾诊断问卷（YDQ），YDQ 共包括"是否对互联网感到全神贯注、是否觉得需要增加使用互联网的时间才能获得满足感"等 8 项题目，如果测量者对其中 5 项回答为"是"，即可被诊断为网络成瘾。Beard 对这一量表进行了补充，认为诊断网瘾的标准应满足"5+1"的条件，即满足 Young 所提到的前五条标准以及后三条标准的任意一条，指出后三条标准影响了网络病态使用者的问题应对能力以及人际互动能力。在 YDQ 的基础上，为了进一步测量网络使用者的成瘾程度，Young 又编制了上网成瘾测试问卷（IAT），这也是第一个被证实有效并且可信赖的对上网成瘾的测试。测试共有 20 道题目，能够测试上网成瘾的严重程度。20—49 分代表是正常的网络使用者，50—79 分代表轻度网瘾者，80—100 分代表重度网瘾者。目前，Young 的两份量表由于其方便性和有效性已经被国内外所广泛采纳并应用于实证研究中。

此外，台湾学者陈淑惠所编制的中文网络成瘾量表（CIAS-R）的使用频率也很高。陈淑惠教授在 1999 年根据 DSM-IV 中对各种成瘾症状的诊断标准介绍编制了此量表，量表共 26 道题目，包括强迫性上网、戒断反应、耐受性、人际与健康问题和时间管理问题五个维度，对于网瘾程度共有四级评定。白羽等针对大陆地区的大学生群体对 CIAS-R 量表再次进行了修订，考虑歧义原则以及因素负荷量区分度等因素删除了部分题项，保留了强迫性上网及网络成瘾戒断反应、网络成瘾耐受性、人际健康问题与时间管理问题四个维度。

雷雳依据中国青少年的网络使用实际情况编制了 APIUS 量表，共分为六个维度，即突显性、耐受性、强迫性上网/戒断症状、心境改变、社交抚慰、消极后果。量表具有良好的信效度，可以作为青少年网络成瘾的测量工具使用。

北京军区总医院成瘾医学科的陶然团队通过对大量网络成瘾患者的症状调查、住院观察、出院随访和现场测试，从临床层面提出了网络成瘾的判断标准，除了网络渴求或冲动感、戒断反应等具体症状标准之外，还提出了"日常生活和社会功能受损（如社交、学习或工作能力方面）"的严重程度标准和"每天上网

6 小时以上，上网状态持续了三个月以上"的病程标准，该诊断标准适用于临床应用，为网络成瘾的治疗、预防和进一步研究奠定了基础。

3. 形成原因

在具体的案例中，个体网络成瘾的原因实际上各不相同，学界对网络成瘾现象的归因也各有定论，精神分析学、人格心理学、社会文化学、行为主义、生物医学等各个学科方向都可以对此解释。总的来说，可以将网络成瘾的原因归为三大类：网络本身的性质、个体需求以及环境因素的影响。

Young 提出的 ACE 模型认为网络的 Anonymity（匿名性）、Convenience（便利性）和 Escape（逃避现实）是导致成瘾的三个特点。网络的匿名性使其可以不暴露本人身份，人们在网络里便可以做任何自己想做的事、说自己想说的话；便利性是指个体足不出户，动动手指就可以畅游网络；逃避现实是指当在现实生活中失意时，可以通过使用网络来疗愈心情。因此，网络本身的特质容易吸引个体进入并且将大部分时间花费在网络世界当中难以自拔。

根据卡茨的使用与满足理论，人们上网是为了满足自己的某种社会与心理需求，特别是当现实中心理需求未能满足的时候，人们便会将注意力从现实世界投向网络空间，从网络中寻求满足感。高文斌等人提出了网络成瘾的病理心理机制来自"失补偿"假说，"失补偿"假说对网络成瘾的基本解释为：上网行为可以被视为个体心理发育过程中受阻时的补偿表现。如果形成"建设性补偿"则完成补偿、常态化发展，即正常上网行为，利用上网来满足自身需求；如果形成"病理性补偿"则引起失补偿、发展偏差或中断，即网络成瘾行为，过度依赖网络。在实际研究中，学者们发现了，驱动个体使用互联网的主要动机之一是缓解社会心理问题，孤独感、感知压力、抑郁情绪、社交恐惧等会使得个体更加依赖在线活动，以减少或逃避现实生活中的烦恼。网络成瘾与人格因素也具有一定的关联，Young 将网络成瘾诊断与卡特尔 16 种人格因素结合在一起考察发现，自主性、警觉性、情绪化等人格特质都容易引发个体的成瘾行为。国内许多研究者也发现，网络成瘾者往往具有喜欢独处、敏感、喜欢抽象思考、不服从社会规范等人格特点。

外界的环境因素，如家庭因素和社会因素也是导致网瘾程度加深的重要原因。邓林园等人的研究表明，家庭的亲密度越高，适应性越强，网络成瘾的可能性也就越小。父母的心理控制与自主支持可以通过冲动性的中介作用对青少年网络成瘾产生影响。除了家庭因素之外，学校对网络的教育和管理不足，以及互联网行业和社会监管的薄弱也会成为网络成瘾的诱发因素。

4. 干预和治疗手段

在分析了网络成瘾的形成原因和行为症状之后，学者们提出了具体的干预和治疗手段，主要分为认知行为疗法和药物疗法两大类。当下这些手段和措施已经投入了许多网瘾治疗的实际案例之中，并取得了较为良好的效果。

Young 通过对网络成瘾者的临床鉴别和治疗，总结出了 8 种认知行为疗法的干预手段，分别是反向实践（practice the opposite）、外力制止（external stoppers）、设定目标（set goals）、戒断（abstinence）、设立提醒卡（reminder cards）、个人目录（personal inventory）、支持小组（support group）和家庭治疗（family therapy），在经历 12 个疗程之后具有显著的疗效。Davis 根据网络病态使用的认知—行为模型提出了相应的认知行为疗法，共分为定位、制定规则、分级、认知重组、离线社会化、整合和通告 7 个步骤。Hall 所提出的认知行为疗法从识别生活事件、不合理信念及认知、培养良好正确的认知技术和提升问题解决能力来帮助患者逐步建立正常的认知结构，摆脱网瘾的危害。

通过临床实践，国内研究者也依据网络成瘾患者的实际情况制定了切实有效的治疗方案。高文斌等从脑功能水平揭示了网络成瘾的病理心理机制，并制定起系统补偿综合心理干预的方案，结合团体、家庭、个体及家长等多个主体共同参与进行心理治疗，在临床研究中取得了良好实效。杨放如等主要采用焦点解决短期疗法（SF-BT），将认知行为疗法作为辅助，采取强调正向积极作用、循序渐进、例外构架、建构有效解决模式、假设解决构架和评分式问句等具体方法，显著减少了网瘾患者的上网时间，改善其心理功能。于衍治采取团体心理干预方式，在网瘾患者中建立起团体互助小组并开展团体活动，使其在生活无序感、心理防御方式和人际关系方面得到了明显改善。此外，还有社会支持法、生理反馈法、森田疗法等网瘾治疗方法。

药物疗法在治疗网络成瘾的过程中也具有一定的成效。Shapira 回顾了一些曾使用过的药物治疗手段，并发现抗抑郁药物以及情绪稳定剂产生了较为良好的反应。例如，治疗抑郁症的药物艾司西酞普兰能够有效降低被试者对在线游戏的欲望。林志雄等创新地结合了阿普唑仑和喜普妙等抗抑郁药物和心理干预疗法，短短两周之内在治疗网瘾上取得了显著的效果。

5. 大学生网络成瘾

大学生是网络的重要使用人群，也容易受到网络的影响，在网络世界中迷失自我。目前，学界以大学生为研究对象，分析其网络成瘾行为的研究还是相当多的，这些研究围绕着网络成瘾的成因、影响等方面，探究孤独感、主观幸福感、自我效能感、社会支持、亲子关系等因素与大学生网络成瘾之间的关系。

在网络成瘾的成因方面，李涛发现网络成瘾大学生与非网络成瘾者在父母教养方式上具有显著差异，网络成瘾大学生的父母在教育时缺乏温暖和理解，更倾向于拒绝否认和严厉惩罚。方晓义从大学生网络成瘾问题切入，通过对 15 名网络成瘾大学生的深度访谈，提出了大学生网络成瘾"心理需求补偿"假说，认为心理需求满足与网络满足互为补充，心理需求的现实缺失以及试图寻求网络补偿都会影响大学生的网络成瘾。何灿等对 453 名男大学生网络游戏玩家进行了测量，发现自尊和网络游戏成瘾之间存在着紧密关联，网络游戏玩家的自尊越低，成瘾倾向越强，而自我控制在网络游戏成瘾和自尊之间起到了完全中介作用。

在网络成瘾的影响方面，崔丽娟通过测试 110 名大学生的网络使用状况发现大学生对互联网的依赖显著影响了其主观幸福感与社会疏离感，同时发现了上网时间越长，对网络的依赖程度就越深。Demirci 等以 319 名大学生作为研究样本，发现网络的过度使用可能会导致抑郁、焦虑以及睡眠问题。田雨等则探究了疫情期间大学生抑郁与网络成瘾之间的关联性，发现网络成瘾者因长时间沉浸于网络世界导致难以在现实生活中获得应有的归属感和社会支持，进而使其抑郁水平不断攀升，网络作为持续而又稳定的补偿手段使具有抑郁情绪的大学生逐渐沉迷其中。

有研究发现，我国大学生网络成瘾的总发生率为 10.7%，导致大学生网络成瘾的因素是复杂多样的，基于前文的研究成果，本研究提出研究问题如下：

研究问题 2：中国大学生群体的网络成瘾倾向是怎样的？

研究问题 3：个人因素、家庭因素、学校因素是否对网络成瘾倾向产生影响？

（三）网络素养与网络成瘾

目前，学界将网络素养与网络成瘾问题联系起来分析的研究相对较少，主要集中在以下两方面：一是将网络成瘾问题归结于网络素养的研究之中，二是将网络素养作为解决网瘾问题的途径。

第一类研究包括罗艺将通过可视化图谱分析大学生网络素养研究的相关学术文献进行聚类，并将大学生因网络成瘾而引发的一系列心理问题的研究归类于大学生网络素养的心理研究缺失，认为加强对大学生的网络使用干预和引导是网络素养研究的重要议题。田全喜提出网络成瘾问题正是大学生网络素养缺失的表征之一，因此除了培养大学生网络使用的基本技能之外更要加强对网络素养的培养。林洪鑫等人则认为大学生的网络自我管理能力包含于大学生网络素养的大框架之中，通过对福建师范大学福清分校的问卷调查，勾勒出大学生网络素养的现状和相关的影响因素，发现一些同学存在行为上和心理上的网络依赖现象，以及过度使用网络、难以从网络世界中脱身的网络成瘾问题。

许多学者将网络素养作为解决网瘾问题的手段来将二者联系起来，并认为加强网络素养教育是有效防范网络成瘾的重要举措之一。为此，学校要担负起责任并开展系统的网络素养教育，不仅要开展网络技术教育，更重要的是要开展包括网络道德、网络心理、网络法律在内的全方位的网络素养课程。网络素养教育应该能够帮助青少年成为网络的"主人"而非网络的"奴隶"。除了学校之外，媒体监管机构和公益组织也应分别牵头开展网络素养教育。其中，媒体监管机构可以通过组织和实施网络素养推广项目，建立网络素养教育平台来帮助青少年远离网瘾的危害；公益组织需要为青少年提供贴心的帮助戒除网瘾的服务，为帮助青少年解决网瘾问题注入新的生机与活力。王国珍认为，结合世界各国在网瘾防治上的经验和我国的实际情况，可以搭建出一个由政府主导、社会各方参与网络素养教育的网瘾防治机制。家庭、学校和社会应做到齐抓齐管、联防联控，共同加强对网瘾少年的关爱。

总而言之，网络成瘾严重威胁着大学生网络素养的提高，网络素养教育可以成为网络成瘾问题解决的有力抓手，应进一步剖析网络素养与网络成瘾之间的深层联系，以实现二者之间的良性互动，更好地使用网络素养手段来防范大学生被网络成瘾问题"异化"的风险。

大学生网络素养与网络成瘾之间存在着较为复杂的关联，基于以上研究成果，本研究提出研究问题如下：

研究问题4：大学生网络成瘾倾向与网络素养之间是否存在相关关系？

研究问题5：大学生网络素养及其细分六个维度是否对网络成瘾倾向产生影响？

四、理论框架

（一）理论基础

本研究主要应用认知行为理论对网络素养、网络成瘾以及二者之间的关系进行解释。认知行为理论是将认知理论和行为理论结合在一起得来的。其中，认知理论描述了认知的过程，即主体通过对信息和经验进行加工学习而获得知识和记忆；行为理论同样认为人的行为是通过学习获得的，也通过学习而改变、增加和消退，当一个人的行为受到奖励时，会更有动力去维持这种行为。认知行为理论并不是将认知理论和行为理论进行简单的相加或拼凑，而是对于认知理论和行为理论各自存在的不足进行了补充和发展。认知行为理论认为，在认知、情绪和行为这三者中，认知扮演的是中介和协调的角色。认知和行为是紧密相关的，认知会对行为进行解读，解读的结果影响个体行为的结果，强调认知对于行为导向的重要性，以及人的内在认知和外在环境之间的互动。

在网络素养的研究中，一些研究者将网络素养和认知理论联系起来，探究网络素养对于引导青少年树立正确认知的作用。Bergsma 认为健康的媒介素养教育是调节青少年认知网络的有效策略。Tsvetkova 等通过在教学实践中引入社交媒体框架来发展学生的网络素养，将其作为提升认知能力的工具。此外，认知行为理论也是研究者对网络素养进行维度划分的基础。方增泉研究团队基于认知行为理论首创了青少年 Sea-ism 网络素养框架，认为网络素养是人们对网络世界的信息、事件和情境的认知和行为能力，并将网络素养分为六大模块进行调研，具有较强的操作性和实践性，推动了网络素养的实证研究。李爽等在调查当代大学生网络素养现状时主要将其分为认知观念和行为技能两大模块。

在网络成瘾的研究中，认知行为理论也有着广泛的应用。一方面，许多学者利用认知行为理论来解释网络成瘾发生的机制，其中最具代表性的是 Davis 的认知—行为模型（Cognitive-Behavioral Model）。该模型认为非适应性认知是导致网络成瘾的主要因素，非适应性认知主要分为两类，一类是个体对自我的消极认知，包括对自我效能感、自我价值感和自我调节能力等持有消极看法；一类是个体对外界环境的看法，包括个体认为外部世界是不可信的、使人缺少安全感的，认为现实世界一无是处而倾向于沉迷在网络世界之中。社会认知会影响人的行为模式，个体对世界的认知扭曲会加强其对互联网的依赖，因此外界的、家庭和社会等因素交织在一起影响了个体对世界的认知，从而导致其依赖网络的可能性进一步增强。

另一方面，由认知行为理论衍生而来的认知行为疗法在网络成瘾治疗中获得了推崇。认知行为疗法源于美国精神病学家贝克教授对抑郁症的治疗方法，经过数十年的探索逐渐发展成一个理论体系，主要包括艾利斯的理性情绪理论、贝克的认知治疗理论以及梅钦鲍姆的认知训练指导技术（SIT）等，其治疗方法在于使患者意识到自己的精神症状并修正自己的错误认知，并通过一定量的行为训练改变患者的情绪和行为反应，重点在于归因和治疗。在网络成瘾的治疗上，认知行为疗法可以用来克服患者的低自尊感、低价值感等消极情感，从而改变患者的非适应性认知。李雯编制的《网络成瘾问题的认知行为团体训练手册》（*CBT for Internet Addiction Treatment Manual*）开展"网络成瘾觉知""非适应性认知""积极应对策略""现实中的社会支持""上网自我控制""复发预防"六次主题活动，通过认知行为疗法将消极认知转化为合理认知，对网络成瘾行为实施干预，以训练出正确的上网观念。

本研究同样依托认知行为理论探究网络成瘾形成的具体原因，网络素养是否会使大学生产生网络成瘾这一行为倾向，以及网络素养的不同维度对网络成瘾倾向产生怎样的影响。

（二）研究假设

认知行为理论将个人、家庭、学校等层面的因素纳入网络成瘾倾向影响因素的模型。有学者建立起了大学生网络依赖行为的综合影响机制，将社会支持程度、个体孤独感水平、生活事件、自我效能感和生活满意度纳入模型之内。此外，性别、年级、网络使用情况、父母对网络的行为和态度、家庭关系的亲密程度、学校对网络的管制程度等都会对大学生的网络依赖程度产生影响。基于以往的研究成果，本研究将对大学生的网络使用情况和网络成瘾的相关影响因素进行调查，并提出以下研究假设：

H1 个人因素中的性别、年级、户口、网络技能熟练度、上网时长对大学生网络成瘾倾向产生显著影响

H2 家庭因素中的与父母讨论网络信息频率、家庭关系亲密度对大学生网络成瘾倾向产生显著影响

H3 学校因素中的学校有无网络素养相关课程、网络素养课程收获程度、上课时间使用个人手机频率、上课时间使用个人手机影响对大学生网络成瘾倾向产生显著影响

此前有学者将网络素养和网络沉迷分别测量并进行了实证研究，提出了网络素养影响网络沉迷的内在作用机制，发现大学生网络素养的五个维度对网络沉迷产生着显著影响，分别对网络沉迷的四个因子产生着不同程度或正向或负向的影响。也有学者通过调查医学生的网络成瘾和网络素养的相关数据之后发现，网络成瘾和网络素养呈现负向相关关系。本研究在获取大学生网络素养的总体得分以及六个维度得分和网络成瘾倾向的相关数据之后，分析大学生网络成瘾倾向与网

络素养之间的相关关系，并提出以下七个研究假设：

H4 大学生网络素养对网络成瘾倾向有负向影响

H5 大学生上网注意力管理能力对网络成瘾倾向有负向影响

H6 大学生网络信息搜索与利用能力对网络成瘾倾向有负向影响

H7 大学生网络信息分析与评价能力对网络成瘾倾向有负向影响

H8 大学生网络印象管理能力对网络成瘾倾向有负向影响

H9 大学生网络安全与隐私保护能力对网络成瘾倾向有负向影响

H10 大学生网络价值认知和行为能力对网络成瘾倾向有负向影响

为了进一步研究网络素养和网络成瘾的关系之间是否有其他干预变量，本研究引入了上网时长作为调节变量。以往研究多数证实了上网时长对网络成瘾的影响，认为上网时间越长，网络成瘾的概率就越高；随着每日上网时长的不断增加，发生网络成瘾的概率也提高。而网络素养与上网时长也存在一定的关系，有研究指出随着日均上网时长的增加，青少年的网络素养水平也有所下降。在自变量与因变量之间，如果二者的关系（包括回归系数的大小和方向）会随着第三变量的变化而发生变化，受到第三变量的影响，就称这个变量为调节变量。鉴于此，本研究将上网时长作为调节变量，将大学生网络素养作为自变量，将网络成瘾倾向作为因变量，分析上网时长是否会在网络素养与网络成瘾倾向之间的关系中起到调节作用，并提出假设如下：

H11 上网时长在大学生网络素养水平与网络成瘾倾向之间起到负向的调节作用

（三）理论模型

根据前文的 11 条研究假设，本研究初步建立起大学生网络素养对网络成瘾影响的理论模型，主要包括个人因素、家庭因素、学校因素、大学生网络素养水平、大学生网络素养倾向五大方面，并在研究网络素养与网络成瘾的关系时，考虑纳入上网时长的影响。具体的理论模型见图附录 2-2。

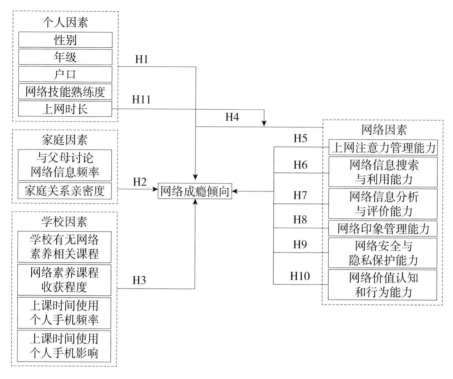

图附录2-2　大学生网络素养对网络成瘾影响的理论模型

五、研究方法

本研究主要采用问卷调查的研究方法，将中国大学生作为研究对象，收集了8000余条数据，在问卷调查之外辅以半结构化访谈的研究方法，通过定量调查与定性访谈相结合的方法，对网络成瘾的具体表现及网络素养和网络成瘾倾向之间的关系展开深入探究。

（一）问卷调查法

1.问卷设计

本研究主要采取问卷调查的研究方法，以问卷形式对中国大学生的网络成瘾倾向和网络素养水平展开调查，具体分为样本选择、问卷设计、问卷前测、修改问卷、正式发放问卷、回收问卷、数据分析等步骤。问卷主要分为三个部分。第一部分为大学生的个人情况调查，包括个人（人口统计学因素、网络使用行为等）、家庭（网络干预状况、家庭关系等）和学校（网络素养课程、网络使用规定等）三方面，此部分共包含25道题目。

第二部分为大学生网络成瘾倾向调查，大学生网络成瘾倾向量表主要结合 Young 的上网成瘾测试量表（IAT）、陈淑惠的中文网络成瘾量表（CIAS-R）和陶然的网络成瘾临床诊断标准进行搭建。在维度划分上，CIAS-R 中国大陆修订版量表包括强迫性上网及网络成瘾戒断反应、网络成瘾耐受性、人际健康问题与时间管理问题四个维度，陶然的网络成瘾临床诊断标准包括网络渴求或冲动感、戒断反应以及日常生活和社会功能受损等标准。在整理各学者的网络成瘾量表之时，将相似的问题表述进行合并，并参考学者们的维度划分结构，最终将量表分为耐受性、戒断反应、渴求和社会功能受损四个维度，共计 21 道题，以此测量大学生的网络成瘾倾向。为了防止受调查者在填写问卷时受到名字的影响，在实际发放问卷时研究者将这一部分更名为"网络使用特征"。（见表附录 2-1）

表附录 2-1 大学生网络成瘾量表

维度		题项
渴求	Q16	我会用上网作为逃避问题或缓解无助、内疚、焦虑或抑郁的方式
	Q17	我会自己预计什么时候能再次上网
	Q18	当我没有上网的时候，我会觉得我还是全神贯注在互联网上，并且幻想自己还在上网
	Q20	我尝试过减少上网时间，但是失败了
	Q21	不上网的时候，我感到情绪低落、不开心、紧张，但是一上网，这些负面情绪就消失了
耐受性	Q1	我发现自己上网的时间比预计的时间要长
	Q5	其实我每次都只想上网待一下子，但常常一待就待很久不下来
	Q7	我不能控制自己上网的冲动
	Q12	我每次下网后其实是要去做别的事，却又忍不住再次上网看看
	Q13	我曾试过花较少的时间在网络上，却无法做到
	Q14	比起以前，我必须花更多的时间上网才能感到满足
	Q19	我会在上网的时候说："就再上几分钟"
戒断反应	Q2	我只要有一段时间没有上网，就会觉得心里不舒服或感到情绪低落
	Q3	网络断线或接不上时，我觉得自己坐立不安或感到易怒
	Q4	不管再累，我在上网时总觉得很有精神
	Q9	我每天早上醒来第一件想到的事就是上网

续表

维度		题项
社会功能受损	Q6	我曾不止一次因为上网的关系而失眠或者导致睡眠障碍
	Q8	我曾因上网而腰酸背痛，或有其他身体不适
	Q10	上网对我的学业或工作已造成一些负面的影响
	Q11	因为上网的关系，我和家人与朋友的互动减少了
	Q15	我曾因为上网而没有按时进食

第三部分为网络素养调查，量表主要采用方增泉的青少年 Sea-ism 网络素养量表进行问卷调查，该问卷分别在 2017 年、2020 年、2022 年在全国范围内进行过三次大规模的问卷发放，在对网络素养的测量上相对成熟和完善。网络素养调查问卷共分为上网注意力管理能力、网络信息搜索与利用能力、网络信息分析与评价能力、网络印象管理能力、网络安全与隐私保护能力、网络价值认知和行为能力六大维度，共计 85 道题。

对网络素养水平、网络成瘾倾向的测量均采用李克特量表（Likert scale）的评分方式，对于每一题项，受调查者可以根据自己的实际情况做出非常符合、符合、一般、不符合、极不符合五种回答，分别计为 5 分、4 分、3 分、2 分、1 分。受调查者的总分得分越高，说明网络成瘾程度和网络素养水平越高。相较于其他量表，李克特量表的测量范围更加广泛，信度更高，更容易使受调查者理解。

2. 问卷前测

在问卷正式发放之前，首先进行问卷的先行性研究，在小规模大学生中发放问卷，对不完善的题项进行修订后完成问卷设计，从而保证问卷的信效度。问卷的前测在北京师范大学、复旦大学、暨南大学、河南大学等高校的学生微信群、朋友圈内转发投放，共回收了 261 份问卷数据，包括男生 81 人、女生 180 人；本科生 227 人、硕士研究生 28 人、博士研究生 6 人；城市户口 159 人、农村户口 102 人。

研究者运用 SPSS26.0 软件对前测中收集到的 261 份有效样本进行了信效度检验。信度检验主要是为了保证问卷内部的一致性和稳定性，可以通过克隆巴赫系数（Cronbach's α）来表现，α 系数值在 0 到 1 之间，越靠近 1 表明信度越高。数据显示，测量网络成瘾倾向的 21 道题项的克隆巴赫系数为 0.932>0.9，说明该量表具有较高的信度，内部稳定性和一致性较高。（见表附录 2-2）

表附录 2-2　信度检验

可靠性统计	
克隆巴赫 Alpha	项数
0.932	21

效度检验主要是为了检验问卷的准确性，即设置题项是否能够准确反映数据的特征，KMO 值和巴特利特球形度检验是测量效度的有效手段。对所收集到的数据进行了 KMO 和巴特利特球形度检验，结果显示 KMO 值为 0.935>0.9，巴特利特球形度检验的显著性为 0.000<0.05，说明该问卷适合做因子分析。（见表附录2-3）

表附录 2-3　效度检验

KMO 和巴特利特检验		
KMO 取样适切性量数		0.935
巴特利特球形度检验	近似卡方	2844.437
	自由度	210
	显著性	0.000

结构效度是为了探究问卷的内部结构，即问题是否能够实际测量到所需的理论结构。为了检验问卷的结构效度并对题项进行具体的维度划分，研究采取主成分因子分析法对问卷进行了探索性因子分析，将变量间的公因子抽取出来，探求变量之间的相关性，从而将原来的多个变量划分到几个综合指标之下。在具体操作时，选择特征根值大于 1，使用最大方差法进行正交旋转对因子进行提取，在选项中选择"取消小系数"并将绝对值设为 0.4，通过主成分分析法共抽取出网络成瘾倾向的四个因子，与此前根据学界权威量表的维度划分基本一致，为了进一步验证各个维度内题项的一致性，对于所划分出的四个维度的题项再次进行了克隆巴赫系数检验，每个维度的克隆巴赫系数均在 0.7 以上，显示各个维度内部的题项信度值较高，具有良好的稳定性和一致性。（见表附录 2-4）

表附录2-4　探索性因子分析

因子荷载系数				
问卷项目	因子1	因子2	因子3	因子4
Q13	0.765			
Q12	0.670			
Q14	0.613			
Q1	0.598			
Q19	0.582			
Q5	0.560			
Q7	0.552			
Q18		0.711		
Q17		0.690		
Q21		0.676		
Q20		0.520		
Q16		0.499		
Q6			0.755	
Q8			0.708	
Q15			0.508	
Q11			0.474	
Q10			0.459	
Q2				0.749
Q3				0.729
Q4				0.675
Q9				0.473
克隆巴赫 Alpha	0.881	0.809	0.777	0.755

以上数据证明，研究者综合以往网络成瘾研究成果编制的大学生网络成瘾倾向量表具有较高的信度和效度，可以依据此量表展开下一步的数据收集和分析。

3. 样本选择

在样本选择上，本研究主要采用分层整群抽样的方式，以国家统计局对东中西部的划分标准为基础，在我国中东西部三个地区各抽取2—5所大学，通过联系各个高校的教师或者学生，在该高校学生群体中进行问卷的发放，并尽可能保证问卷数据涵盖不同年级、不同专业的学生，最终共在 62 所高校中收集到 8213 份数据。样本共覆盖安徽、北京、福建、甘肃、广东、广西、贵州、河北、河南、黑龙江、湖北、湖南、吉林、江苏、江西、内蒙古、山东、山西、陕西、上海、四川、云南、浙江、重庆 25 个省（区、市），学生年级从本科一年级到博士研究生三年级均有样本分布，专业类别则主要包括理工类、文史类、艺术类以及其他类专业学生。研究者对收集到的 8213 份数据进行数据清洗，在剔除回答时间过短、所有答案回答高度重复的无效样本后，共留存 6793 条有效数据，问卷合格率为 82.71%。问卷收集完成之后，研究主要运用 SPSS26.0 统计软件处理问卷样本数据，针对所提出的研究问题，本研究主要运用描述性统计分析、皮尔森相关分析和多元回归分析等数据分析方法。

4. 样本情况描述

在本次大学生网络成瘾倾向调查中，个人因素主要包括性别、地区、专业、年级、户口、使用媒介以及具体的网络使用情况等。其中，在 6793 个有效样本中，共有男生 1852 名，占比 27.3%；女生 4941 名，占比 72.7%。（见表附录 2-5）

表附录 2-5　性别分布

	频数	百分比	累积百分比
男	1852	27.3	27.3
女	4941	72.7	100.0
总计	6793	100.0	

在年级分布上，本科生共有 5209 名，占比 76.7%；硕士研究生共有 1269 名，占比 18.7%；博士研究生共有 251 名，占比 3.7%；其他年级的大学生有 64 名，占比 0.9%。（见表附录 2-6）

表附录 2-6　年级分布

	频数	百分比	累积百分比
本科生	5209	76.7	76.7
硕士研究生	1269	18.7	95.4
博士研究生	251	3.7	99.1
其他	64	0.9	100.0
总计	6793	100.0	

在户口分布上，56.3%的大学生样本在大学入学前属于城市户口，43.7%的大学生属于农村户口，城市和农村的样本量分布基本相当。（见表附录2-7）

表附录2-7　户口分布

	频数	百分比	累积百分比
城市	3822	56.3	56.3
农村	2971	43.7	100.0
总计	6793	100.0	

在网络技能熟练度方面，76.4%的大学生可以熟练使用图文和音视频等多种方式在网上创造和发布消息，20.4%的大学生网络技能熟练度一般，只有3.2%的大学生不能够熟练使用网络。（见表附录2-8）

表附录2-8　网络技能熟练度分布

	频数	百分比	累积百分比
非常熟练	2811	41.4	41.4
比较熟练	2382	35.1	76.4
一般	1384	20.4	96.8
不太熟练	161	2.4	99.2
非常不熟练	55	0.8	100.0
总计	6793	100.0	

在日均上网时长上，上网时长3—5小时的大学生人数最多，占比为36.9%，其他依次为5—8小时（33.2%）、1—3小时（16.0%）、8小时以上（12.8%）和1小时以下（1.1%）。（见表附录2-9）

表附录2-9　日均上网时长分布

	频数	百分比	累积百分比
1小时以下	77	1.1	1.1
1—3小时	1086	16.0	17.1
3—5小时	2506	36.9	54.0
5—8小时	2257	33.2	87.2
8小时以上	867	12.8	100.0
总计	6793	100.0	

在与父母讨论网络内容的频率方面，22.3% 的大学生经常会与父母分享或讨论网络上的信息；61.7% 的大学生有时候会与父母讨论网络内容，网络信息是他们分享或讨论的话题之一；15.9% 的大学生几乎不会与父母分享或讨论网络上的信息。（见表附录2-10）

表附录2-10　与父母讨论网络内容的频率分布

	频数	百分比	累积百分比
经常讨论	1516	22.3	22.3
有时讨论	4194	61.7	84.1
几乎不讨论	1083	15.9	100.0
总计	6793	100.0	

在与父母关系亲密程度方面，53.1% 的大学生与父母之间关系非常亲密，44.0% 的大学生与父母之间关系一般亲密，2.9% 的大学生与父母之间关系不太亲密。（见表附录2-11）

表附录2-11　与父母关系亲密程度分布

	频数	百分比	累积百分比
非常亲密	3610	53.1	53.1
一般亲密	2988	44.0	97.1
不亲密	195	2.9	100.0
总计	6793	100.0	

在学校是否开设网络素养课程方面，71% 的大学生表示学校里开设了网络或媒介信息技术、素养类课程，29% 的大学生学校并没有开设网络素养课程。（见表附录2-12）

表附录2-12　学校是否开设网络素养课程分布

	频数	百分比	累积百分比
是	4821	71.0	71.0
否	1972	29.0	100.0
总计	6793	100.0	

对于学校里开设了网络素养课程的大学生来说，24.4%的大学生认为自己在学校网络或媒介信息技术、素养类课程中的收获很大，43.2%的大学生认为自己有些收获，3.4%的大学生则认为自己几乎没有收获。（见表附录2-13）

表附录2-13　网络素养课程收获程度分布

	频数	百分比	累积百分比
没有开设课程	1972	29.0	29.0
收获很大	1659	24.4	53.5
有些收获	2932	43.2	96.6
几乎没有收获	230	3.4	100.0
总计	6793	100.0	

在上课时间使用个人手机频率方面，25.2%的大学生经常会在上课时间使用个人手机，50.4%的大学生有时候会在上课时间使用个人手机，22.9%的大学生不经常在上课时间使用个人手机，1.5%的大学生从未在上课时间使用过个人手机。（见表附录2-14）

表附录2-14　上课时间使用个人手机频率分布

	频数	百分比	累积百分比
经常使用	1710	25.2	25.2
有时候使用	3425	50.4	75.6
不经常使用	1558	22.9	98.5
从未使用	100	1.5	100.0
总计	6793	100.0	

在上课时间使用个人手机影响方面，28.4%的大学生认为在上课时间使用个人手机的影响很大，56.2%的大学生认为在上课时间使用个人手机有些影响，12.6%的大学生认为在上课时间使用个人手机的影响很小，2.9%的大学生认为在上课时间使用个人手机没有产生影响。（见表附录2-15）

表附录 2-15 上课时间使用个人手机影响分布

	频数	百分比	累积百分比
影响很大	1927	28.4	28.4
有些影响	3818	56.2	84.6
影响很小	854	12.6	97.1
没有影响	194	2.9	100.0
总计	6793	100.0	

5. 信效度检验

本次研究所运用的网络成瘾倾向问卷共 21 道题，在收集到全部 6793 份样本数据之后，研究者运用 SPSS26.0 软件再次进行了信效度检验。首先检验了数据的克隆巴赫系数，测量网络成瘾倾向的 21 道题项的克隆巴赫系数为 0.938>0.9，说明该量表具有较高的信度，内部稳定性和一致性较高。（见表附录 2-16）

表附录 2-16 信度检验

可靠性统计	
克隆巴赫 Alpha	项数
0.938	21

接下来，研究者对所收集到的数据进行了 KMO 和巴特利特球形度检验，结果显示 KMO 值为 0.960>0.9，巴特利特球形度体检验的显著性为 0.000<0.05，说明该问卷适合做因子分析。（见表附录 2-17）

表附录 2-17 效度检验

KMO 和巴特利特检验		
KMO 取样适切性量数		0.960
巴特利特球形度检验	近似卡方	73215.933
	自由度	210
	显著性	0.000

研究者采取主成分因素分析法对问卷进行了探索性因子分析，选择特征根值大于 1，使用最大方差法进行正交旋转对因子进行提取，在选项中选择"取消小系数"并将绝对值设为 0.4，最终抽取出大学生网络成瘾倾向的四个主因子，与

此前的维度划分一致。旋转后的成分矩阵展示出各个题项的因子载荷量，所有问卷题项的因子载荷量均在 0.5 以上，部分题项相较于前测时的因子载荷量有所提升，显示出量表具有较好的结构效度。同时，对网络成瘾倾向的四个因子进行了克隆巴赫系数检验，得每个维度的克隆巴赫系数均在 0.7 以上，各个维度内部的题项信度值较高，具有良好的稳定性和一致性。（见表附录 2-18）

表附录 2-18　探索性因子分析

因子荷载系数				
问卷项目	因子 1	因子 2	因子 3	因子 4
Q13	0.785			
Q12	0.673			
Q14	0.618			
Q19	0.597			
Q5	0.537			
Q1	0.515			
Q7	0.510			
Q17		0.729		
Q18		0.722		
Q20		0.674		
Q21		0.665		
Q16		0.515		
Q6			0.759	
Q8			0.699	
Q10			0.571	
Q11			0.528	
Q15			0.527	
Q2				0.753
Q3				0.728
Q4				0.647
Q9				0.510
克隆巴赫 Alpha	0.879	0.795	0.804	0.780

（二）半结构化访谈

为了进一步对大学生的网络使用实际情况进行了解，在大规模的问卷发放之外，本研究还寻找了性别、专业、年级各异且具有较高程度网络成瘾倾向的20名大学生展开半结构化访谈。访谈内容具体包括大学生的网络接触动机、网络使用情况、家庭关系、学校环境、网络成瘾症状、网络成瘾的自我认知和群体性认知等。每位访谈对象的访谈时间在30分钟至1小时之间，主要通过线上语音通话和线下面对面交谈的方式进行。访谈结束后，研究者对访谈内容进行整理，并将其作为问卷数据的补充，通过定性访谈与定量调查相结合的方法，对网络成瘾的具体表现及网络素养和网络成瘾倾向之间的关系展开深入探究。（见表附录2-19）

表附录2-19　访谈对象基本信息

	性别	年级	专业
F1	女	大一	人工智能
F2	女	大二	汉语言文学
F3	女	大一	日语
F4	女	大二	戏剧影视文学
F5	女	大一	英语
F6	女	研一	英语
F7	女	大三	哲学
F8	女	研一	化学
F9	女	研三	会计
F10	女	大三	日语
F11	女	大四	日语
F12	女	研一	自然环境科学
F13	女	博一	汉语言文学
M1	男	大一	汉语言文学
M2	男	大三	哲学
M3	男	研二	哲学
M4	男	大一	计算机

	性别	年级	专业
M5	男	大二	英语
M6	男	大三	汉语言文学
M7	男	大一	物理

第1章　大学生网络素养与网络成瘾基本情况

一、大学生网络素养基本情况

通过 Sea-ism 网络素养量表可以得出大学生网络素养水平的得分，标准为五分制，分数越高，说明大学生网络素养水平越高。调查显示，6793 个受调查大学生的网络素养水平整体平均分为 3.72 分，网络素养整体水平相对较高，但仍有可以提升的空间。分维度来看，上网注意力管理能力得分为 3.50 分，网络信息搜索与利用能力得分为 3.71 分，网络信息分析与评价能力得分为 3.58 分，网络印象管理能力得分为 3.38 分，网络安全与隐私保护能力得分为 3.88 分，网络价值认知和行为能力得分为 3.96 分。六大维度的平均得分均在 3 分以上，得分相对来说比较均衡，其中网络价值认知和行为能力的平均得分最高（3.96 分），网络印象管理能力的平均得分最低（3.38 分）。在网络素养六大维度中，对于得分在 3.5 分及以下的上网注意力管理能力和网络印象管理能力需要重点关注。（见表附录 2-20、图附录 2-3）

表附录 2-20　网络素养及各维度得分（n=6793）

	网络素养总分	上网注意力管理	网络信息搜索与利用	网络信息分析与评价	网络印象管理	网络安全与隐私保护	网络价值认知和行为
平均值	3.7168	3.4985	3.7134	3.5803	3.3780	3.8830	3.9571
标准差	0.39487	0.45331	0.58041	0.42353	0.58952	0.58566	0.67160

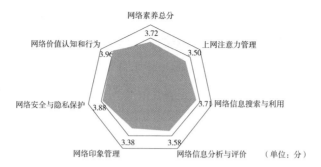

图附录 2-3　大学生网络素养得分雷达图

二、大学生网络成瘾基本情况

通过网络成瘾倾向量表得出大学生网络成瘾倾向的得分，标准为五分制，分数越高，说明大学生网络成瘾倾向越高。对于网络成瘾倾向轻重程度的划分参考了 Young 的标准。Young 认为，在网络成瘾测试（IAT）中得分在 80 分至 100 分之间的属于重度网络成瘾，在 50 分至 80 分之间的属于中度网络成瘾，在 20 分至 50 分之间的属于轻度网络成瘾，20 分以下不属于网络成瘾的范畴。将 Young 的百分制标准划分为五分制标准则为，4—5 分为重度网络成瘾，2.5—4 分为中度网络成瘾，1—2.5 分为轻度网络成瘾，1 分及以下不属于网络成瘾。

当前大学生网络成瘾倾向整体平均分为 2.81 分，网络成瘾倾向处于中等偏上水平。分维度来看，其中渴求维度得分为 2.63 分，耐受性维度得分为 3.06 分，戒断反应维度得分为 2.90 分，社会功能受损维度得分为 2.57 分。以上分数表明受调查大学生在渴求维度和社会功能受损维度处于中等水平，均在 2.5 分上下，而耐受性维度和戒断反应维度相比另外两个维度则分数偏高，即大学生在上网时为了增加满足感会不断增加使用网络的时间和上网的程度（耐受性），在上网行为停止时会出现焦虑、悲伤等戒断症状（戒断反应），这两项成瘾症状在大学生群体中出现较为普遍，值得重点关注。（见表附录 2-21）

表附录 2-21　网络成瘾及各维度得分（n=6793）

	网络成瘾总分	渴求得分	耐受性得分	戒断反应得分	社会功能受损得分
平均值	2.8104	2.6328	3.0575	2.9020	2.5688
标准差	0.66702	0.73670	0.74377	0.79067	0.76387

在 6793 个受调查大学生中，251 人表现出重度网络成瘾倾向，占比为 3.69%；4420 人表现出中度网络成瘾倾向，占比为 65.07%，占据本次调查人群的主体部分；2122 人表现出轻度网络成瘾倾向，占比为 30.94%；仅有 20 人得分为 1 分（由于选项设置，得分最低为 1 分），没有网络成瘾倾向，占比为 0.29%。由此可以得出，大学生群体中绝大多数学生都呈现出中低水平的网络成瘾倾向，极少有人完全没有网络成瘾的倾向。（见表附录 2-22、图附录 2-4）

表附录 2-22　大学生网络成瘾倾向人群占比（n=6793）

得分（五分制）	人数	占比
4—5 分（重度）	251	3.69%
2.5—4 分（中度）	4420	65.07%
1—2.5 分以下（轻度）	2102	30.94%
1 分	20	0.29%

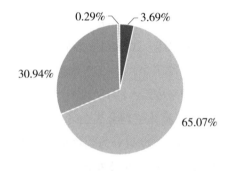

图附录 2-4　大学生网络成瘾倾向人群占比（n=6793）

三、个人、家庭和学校因素对大学生网络成瘾倾向的影响

本研究从个人、家庭和学校三个层面出发，通过单因素方差分析和相关性分析的方法，探究不同人群在网络成瘾倾向上的差异。个人层面因素主要包括性别、年级、户口、网络技能熟练度和上网时长，家庭层面因素主要包括与父母讨论网络信息频率和家庭关系亲密度，学校层面因素主要包括学校有无网络素养相关课程、网络素养课程收获程度、使用手机频率和使用手机影响。

（一）方差分析

方差分析是用于两个及以上组之间差异的显著性检验，通常用于分析定类数据与定量数据之间的关系情况。将个人、家庭、学校中的定类变量性别、户口和学校有无网络素养相关课程与网络成瘾倾向之间进行单因素方差分析，得出结果如下。

不同性别下，大学生网络成瘾倾向存在显著的差异（p<0.05），通过比较均值发现，女生的网络成瘾倾向为2.825，略高于男生（2.772）。（见表附录2-23）

表附录2-23　性别间差异（n=6793）

	频率	平均值	标准误差	F	p	偏 Eta 平方
男	1852	2.772	0.015	8.577	0.003	0.001
女	4941	2.825	0.009			

不同户口之间，大学生的网络成瘾倾向不存在显著差异（p>0.05），城市户口大学生的网络成瘾倾向为2.814，农村户口大学生的网络成瘾倾向为2.805。（见表附录2-24）

表附录2-24　户口间差异（n=6793）

	频率	平均值	标准误差	F	p	偏 Eta 平方
城市	3822	2.814	0.011	0.317	0.574	0.000
农村	2971	2.805	0.012			

学校有无网络素养相关课程的大学生在网络成瘾倾向上存在显著差异（p<0.05），学校开设网络素养相关课程的大学生（2.812），网络成瘾倾向要低于没有开设网络素养相关课程的大学生（2.904）。（见表附录2-25）

表附录2-25　学校有无网络素养相关课程间差异（n=6793）

	频率	平均值	标准误差	F	p	偏 Eta 平方
是	4821	2.812	0.010	6.439	0.002	0.002
否	1972	2.904	0.031			

（二）相关性分析

相关分析是研究两个或两个以上随机变量之间相关关系的一种统计分析方

法，可以测量变量之间是否存在相关关系以及关系的紧密程度，当 p 值小于 0.05 时，可以说明变量之间具有相关性。相关系数在相关分析中可以作为测量变量之间关系强度的一种测量工具，其取值范围在 –1 至 1 之间，取值为正数为正相关，取值为负数则为负相关。一般情况下，相关系数越接近 –1 或者越接近 1，说明变量之间的相关性越强。

将个人、家庭、学校中的定序变量年级、网络技能熟练度、日均上网时长、与父母讨论网络信息频率、家庭关系亲密度、网络素养课程收获程度、上课时间使用个人手机频率、上课时间使用个人手机影响与网络成瘾倾向进行相关性检验，得出结果如下。（见表附录 2-26）

表附录 2-26　个人、家庭、学校因素与网络成瘾倾向相关性检验（n=6793）

	网络成瘾倾向
年级	–0.001
网络技能熟练度	–0.007
日均上网时长	0.208***
与父母讨论网络信息频率	0.006
家庭关系亲密度	–0.115***
网络素养课程收获程度	–0.014
上课时间使用个人手机频率	0.283***
上课时间使用个人手机影响	0.248***

注：* 表示 $p<0.05$，** 表示 $p<0.01$，*** 表示 $p<0.001$。下同

日均上网时长与网络成瘾倾向在 $p<0.001$ 的水平上显著正相关，其相关系数为 0.208。家庭关系亲密度与网络成瘾倾向在 $p<0.001$ 的水平上显著负相关，其相关系数为 –0.115。上课时间使用个人手机频率与网络成瘾倾向在 $p<0.001$ 的水平上显著正相关，其相关系数为 0.283。上课时间使用个人手机影响与网络成瘾倾向在 $p<0.001$ 的水平上显著正相关，其相关系数为 0.248。

四、研究小结

从本次研究所收集数据可以看到，当前大学生网络素养水平整体平均分为 3.72 分，网络素养整体水平相对较高；网络成瘾倾向整体平均分为 2.81 分，网络

成瘾倾向处于中等偏上程度。网络素养六个维度的平均得分均在 3 分以上，得分比较均衡。网络成瘾的四个维度上，渴求维度和社会功能受损维度得分处于中等水平，而在耐受性维度和戒断反应维度分数偏高，应重点关注。在人数分布上，大学生群体中绝大多数学生都呈现出中低水平的网络成瘾倾向，极少有人完全没有网络成瘾的倾向，说明大学生网络成瘾倾向是需要各方共同解决的社会议题之一。

在网络成瘾的影响因素上，个人因素层面，性别、上网时长对于网络成瘾倾向具有显著影响，假设 H1 部分成立；家庭因素层面，家庭关系亲密程度对网络成瘾倾向具有显著影响，假设 H2 部分成立；学校因素层面，学校有无网络素养相关课程、在上课时间使用手机频率、在上课时间使用手机影响对网络成瘾倾向具有显著影响，假设 H3 部分成立。具体研究假设验证情况如下：

H1 个人因素中的性别、年级、户口、网络技能熟练度、上网时长对大学生网络成瘾倾向产生显著影响（部分成立）

H2 家庭因素中的与父母讨论网络信息频率、家庭关系亲密度对大学生网络成瘾倾向产生显著影响（部分成立）

H3 学校因素中的学校有无网络素养相关课程、网络素养课程收获程度、上课时间使用个人手机频率、上课时间使用个人手机影响对大学生网络成瘾倾向产生显著影响（部分成立）

研究结果表明，性别对于网络成瘾倾向具有显著影响，对女生的网络成瘾倾向需要重点关注；日均上网时长对大学生网络成瘾倾向具有正向的影响，也就是说日均上网时长越长，大学生网络成瘾倾向越高，可以认为降低大学生的上网时长应是改善大学生成瘾状况的有效途径之一。家庭层面上，家庭关系亲密程度对网络成瘾倾向具有负向的影响，家庭亲密关系度越高，大学生网络成瘾倾向越低。学校层面上，参加网络素养相关课程的大学生网络成瘾倾向低于没有参加网络素养相关课程的大学生，因此学校的网络素养课程对控制大学生的网络成瘾倾向有一定的作用；在上课时间使用手机频率、在上课时间使用手机影响对网络成瘾倾向具有正面的影响，因此学校应加强对学生上网设备的管控，提升其对课程本身的专注度，通过降低其使用手机的频率和影响来缓解大学生的网络成瘾问题。

第2章　大学生网络素养对网络成瘾倾向的影响

一、大学生网络素养与网络成瘾倾向之间的相关性分析

为了考察网络素养与网络成瘾倾向之间的相关性，研究对网络素养与网络成瘾倾向之间，以及网络素养各维度与网络成瘾倾向各维度之间进行了相关性检验。

（一）大学生网络素养总体得分与网络成瘾倾向的相关性

大学生网络素养总体得分与网络成瘾倾向在 $p<0.001$ 的水平上显著负相关，其相关系数为 -0.173。数据表明，大学生网络素养水平越高，网络成瘾倾向则越低。（见表附录 2-27）

表附录 2-27　网络素养总分与网络成瘾倾向相关性（n=6793）

	网络成瘾总分五分制
网络素养均分	−0.173***

（二）大学生网络素养各维度与网络成瘾倾向各维度的相关性

为了进一步探究网络素养和网络成瘾倾向各个维度之间的关系结构，对网络素养的六个维度和网络成瘾倾向的四个维度之间又进行了具体的相关性分析，检验结果如表格所示。

分维度来看，上网注意力管理维度与渴求、耐受性、戒断反应和社会功能受损均在 $p<0.001$ 的水平上显著负相关，其相关系数分别为 -0.479、-0.435、-0.381、-0.518。

网络信息搜索与利用维度与渴求、耐受性、社会功能受损均在 $p<0.001$ 的水平上显著负相关，其相关系数分别为 -0.111、-0.057、-0.178；与戒断反应在 $p<0.01$ 的水平上显著负相关，其相关系数为 -0.034。

网络信息分析与评价维度与渴求、耐受性、戒断反应和社会功能受损均在 $p<0.001$ 的水平上显著负相关，其相关系数分别为 -0.194、-0.074、-0.102、-0.227。

网络印象管理维度与渴求、耐受性、戒断反应和社会功能受损均在 $p<0.001$ 的水平上显著正相关，其相关系数分别为 0.254、0.317、0.302、0.194。

网络价值认知和行为维度与渴求、耐受性、戒断反应和社会功能受损均在 p<0.001 的水平上显著负相关，其相关系数分别为 -0.307、-0.171、-0.219、-0.324。

网络安全与隐私保护维度与渴求和社会功能受损均在 p<0.001 的水平上显著负相关，其相关系数分别为 -0.082 和 -0.117；与耐受性在 p<0.001 的水平上显著正相关，其相关系数为 0.033。（见表附录 2-28）

表附录 2-28　网络素养各维度与网络成瘾各维度相关性（n=6793）

	渴求	耐受性	戒断反应	社会功能受损
上网注意力管理	-0.479***	-0.435***	-0.381***	-0.518***
网络信息搜索与利用	-0.111***	-0.057***	-0.034***	-0.178***
网络信息分析与评价	-0.194***	-0.074***	-0.102***	-0.227***
网络印象管理	0.254***	0.317***	0.302***	0.194***
网络价值认知和行为	-0.307***	-0.171***	-0.219***	-0.324***
网络安全与隐私保护	-0.082***	0.033***	-0.009	-0.117***

二、大学生网络素养各维度与网络成瘾倾向之间的回归分析

在相关性分析的基础上，研究又进行了大学生网络素养各维度与网络成瘾倾向之间的多元回归分析，以考察大学生网络素养与网络成瘾倾向之间的关系。回归分析不仅可以证明变量之间的相关性，还可以进一步解释变量之间关系的密切程度，证明变量之间是否存在因果关系，依据所涉及的变量的多与少，可以将其分为一元回归和多元回归分析。研究设定大学生网络素养的六个维度（上网注意力管理能力、网络信息搜索与利用能力、网络信息分析与评价能力、网络印象管理能力、网络安全与隐私保护能力、网络价值认知和行为能力）作为自变量，将网络成瘾倾向作为因变量，由于自变量涉及多个因子，所以采取了多元线性回归的方法，以探究网络素养各维度对网络成瘾倾向的影响程度。在 SPSS 软件中进行多元回归分析的结果见表附录 2-29。

表附录 2-29　网络素养各维度与网络成瘾之间的多元回归分析（n=6793）

	模型	Beta	T	p	R	R^2	adR^2	F	p
模型一	上网注意力管理	-0.515	-49.496	0.000	0.515	0.265	0.265	2449.887	0.000

续表

模型	模型	Beta	T	p	R	R²	adR²	F	p
模型二	上网注意力管理	−0.528	−54.882	0.000	0.610	0.372	0.372	2011.326	0.000
	网络印象管理	0.327	34.001	0.000					
模型三	上网注意力管理	−0.569	−49.319	0.000	0.613	0.376	0.375	1362.233	0.000
	网络印象管理	0.298	28.144	0.000					
	网络信息搜索与利用	0.080	6.371	0.000					
模型四	上网注意力管理	−0.544	−44.529	0.000	0.616	0.379	0.379	1035.792	0.000
	网络印象管理	0.294	27.754	0.000					
	网络信息搜索与利用	0.088	7.054	0.000					
	网络价值认知和行为	−0.064	−5.969	0.000					
模型五	上网注意力管理	−0.546	−44.800	0.000	0.620	0.384	0.383	845.522	0.000
	网络印象管理	0.278	25.697	0.000					
	网络信息搜索与利用	0.062	4.767	0.000					
	网络价值认知和行为	−0.101	−8.503	0.000					
	网络安全与隐私保护	0.090	7.267	0.000					
模型六	上网注意力管理	−0.545	−44.493	0.000	0.620	0.384	0.383	704.772	0.000
	网络印象管理	0.278	25.712	0.000					
	网络信息搜索与利用	0.068	4.743	0.000					
	网络价值认知和行为	−0.097	−7.793	0.000					
	网络安全与隐私保护	0.092	7.334	0.000					
	网络信息分析与评价	0.014	−1.006	0.314					

从表格中可知，六个预测变量中有五个对大学生网络成瘾倾向具有显著的预测力。变量之一网络信息分析与评价与网络成瘾倾向 T 检验的 p 值为 0.314>0.05，证明二者之间不存在显著的相关关系。表格显示在构建的五个模型中，随着预测变量的逐渐加入，模型的显著性也不断增强，最终的复相关系数 R 为 0.620，T 检验和 F 检验都达到了显著性水平，表示五个自变量对因变量具有显著的解释能力。模型五的调整后 R 方值为 38.3%，说明五个预测变量最终可以共同解释网络成瘾倾向 38.3% 的变异量，也就是说大学生网络成瘾倾向 38.3% 的变化程度是由网络素养的五个因子引起的。

研究还进行了多重共线性考察，以避免变量之间的多重共线性关系导致模型失真。方差膨胀因子 VIF 值是衡量多重共线性的重要指标，VIF 值在 10 以上意味着变量之间具有比较强的相关关系，存在多重共线性问题；VIF 值的倒数容差也可以用来测量多重共线性，容差大于 0.1 代表不存在共线性。所有自变量的 VIF 值均小于 10，且容差均大于 0.1，证明变量之间不存在多重共线性关系，所构建的模型可以比较好地反映研究问题。

具体到每个预测变量上，上网注意力管理能力和网络价值认知和行为能力对网络成瘾倾向的影响为负向，而网络信息搜索与利用能力、网络印象管理能力与网络安全与隐私保护能力对网络成瘾倾向的影响均为正向。其中，上网注意力管理与网络成瘾倾向之间的标准化回归系数为 –0.546，网络信息搜索与利用能力的标准化回归系数为 0.062、网络印象管理能力的标准化回归系数为 0.278、网络安全与隐私保护能力的标准化回归系数为 0.090、网络价值认知和行为能力的标准化回归系数为 –0.101，按照回归系数的强弱排序依次为上网注意力管理能力、网络印象管理能力、网络价值认知和行为能力、网络安全与隐私保护能力和网络信息搜索与利用能力。

从对因变量网络成瘾倾向的解释程度来看，上网注意力管理对网络成瘾倾向的解释能力最强，调整后 R 方值为 26.5%，其余的变量排序依次为网络印象管理能力（10.7%）、网络价值认知和行为能力（0.4%）、网络安全与隐私保护能力（0.4%）和网络信息搜索与利用能力（0.3%）。

大学生网络素养的五个维度对网络成瘾倾向的影响程度可以通过标准化回归方程来呈现，构建出的标准化回归方程式如下：

网络成瘾倾向 =–0.546× 上网注意力管理能力 +0.062× 网络信息搜索与利用能力 +0.278× 网络印象管理能力 +0.090× 网络安全与隐私保护能力 –0.101× 网

络价值认知和行为能力。

三、上网时长的调节作用分析

以往关于网络成瘾的相关研究基本上都证实了上网时长对网络成瘾倾向的影响，即上网时间越长，网络成瘾倾向越高。本研究中大学生网络成瘾倾向的回归模型同样也揭示了日均上网时长对网络成瘾倾向具有显著的影响。同时，分析上网时长与网络素养之间的相关性发现，大学生的日均上网时长与网络素养之间具有显著的相关性（$p<0.05$）。（见表附录2-30）

表附录2-30　上网时长与网络素养的相关性（n=6793）

	日均上网时长
网络素养均分	0.030*

为了检验上网时长是否在大学生网络素养水平与网络成瘾倾向之间起调节作用，本研究采用温忠麟等人的方法通过分层回归分析检验上网时长的调节效应。首先对自变量网络素养水平和调节变量日均上网时长进行了中心化处理，以避免出现共线性问题，并生成了交互项"上网时长 × 网络素养水平"。将网络成瘾倾向作为因变量进行分层回归分析：模型1分析自变量网络素养水平对因变量网络成瘾倾向的影响情况；模型2加入调节变量上网时长，模型3加入交互项"上网时长 × 网络素养水平"；当模型2到模型3变化时，如果F值变化显著，则意味着存在调节效应。（见表附录2-31）

表附录2-31　引入上网时长后网络成瘾倾向的分层回归分析（n=6793）

	模型1	模型2	模型3
常量	2.810*** （352.630）	2.810*** （361.172）	2.810*** （361.048）
网络素养	−0.293*** （−14.494）	−0.303*** （−15.388）	−0.301*** （−15.227）
上网时长		0.151*** （18.275）	0.152*** （18.370）
交互项			0.039* （1.970）
R^2	0.030	0.075	0.076

续表

	模型1	模型2	模型3
adR^2	0.030	0.075	0.076
F	F（1,6791）=210.072,p=0.000	F（2,6790）=277.179,p=0.000	F（3,6789）=186.158,p=0.000
△R^2	0.030	0.045	0.001
△F	F（1,6791）=210.072,p=0.000	F（1,6790）=333.986,p=0.000	F（1,6789）=3.880,p=0.049

注：因变量为网络成瘾，回归系数下方括号里面为T值

数据显示，交互项系数T值为1.970（p<0.05），F变化量为3.880（p<0.05），说明上网时长对网络素养与网络成瘾倾向之间的关系起到一定的调节效应。

为了进一步研究上网时长调节作用的方向，研究根据大学生上网时长的高低（以均值加减一个标准差为分组依据）分为高上网时长和低上网时长两个不同的小组，对于上网时长不同的调节作用进行了简单的斜率分析并制作了简单斜率图。（见图附录2-5）

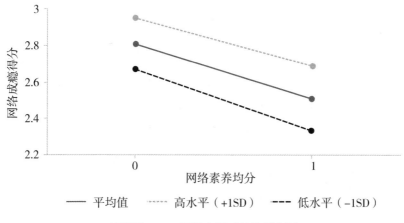

图附录2-5 不同上网时长的斜率图

结果显示，当大学生上网时长较短时（B=-0.337，T=-12.881，p<0.001），网络素养水平越高，网络成瘾倾向也就越低；当大学生上网时长较长时（B=-0.264，T=-9.446，p<0.001），网络素养水平的升高同样带来了网络成瘾倾向的降低，然而作用相对较小。（见表附录2-32）总而言之，随着调节变量大学生的上网时长从低到高，自变量网络素养对于因变量网络成瘾倾向的负向作用逐渐被削弱，因此上网时长在大学生网络素养水平与网络成瘾倾向之间起到负向的调节作用，模

型结果图如下。（见图附录2-6）

表附录2-32　简单斜率分析

调节变量水平	B	SE	T	p	95% CI	
平均值	−0.301	0.020	−15.227	0.000	−0.340	−0.262
高水平（+1SD）	−0.264	0.028	−9.446	0.000	−0.319	−0.209
低水平（−1SD）	−0.337	0.026	−12.881	0.000	−0.389	−0.286

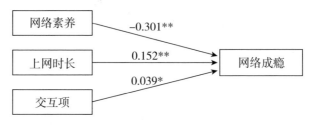

图附录2-6　上网时长调节作用模型结果图

四、研究小结

在网络素养和网络成瘾倾向的相关性分析中，研究发现大学生网络素养水平与网络成瘾倾向呈现显著负相关关系，即大学生网络素养水平越高，其网络成瘾倾向越低，假设H4成立。在网络素养的六个维度（上网注意力管理、网络信息搜索与利用、网络信息分析与评价、网络印象管理、网络价值认知和行为、网络安全与隐私保护）与网络成瘾倾向的四个维度（渴求、耐受性、戒断反应、社会功能受损）之间，除了网络安全与隐私保护维度与戒断反应之间不存在相关关系之外，其余的网络素养六个维度和网络成瘾倾向四个维度之间均存在显著的相关关系。

在网络素养和网络成瘾倾向的回归分析中，研究发现六个预测变量上网注意力管理能力、网络信息搜索与利用能力、网络信息分析与评价能力、网络印象管理能力、网络安全与隐私保护能力、网络价值认知和行为能力中有五个对大学生网络成瘾倾向具有显著的预测力，而网络信息分析与评价与网络成瘾倾向不存在相关关系。五个预测变量最终可以共同解释网络成瘾倾向38.3%的变异量，达到极其显著的水平（p<0.001）。其中，上网注意力管理能力和网络价值认知和行为能力对网络成瘾倾向的影响为负向，表明大学生的上网注意力管理能力和网络

价值认知和行为能力越高，网络成瘾倾向也就越低，发生网络成瘾的情况会更少。网络信息搜索与利用能力、网络印象管理能力与网络安全与隐私保护能力对网络成瘾倾向的影响均为正向，表明大学生的网络信息搜索与利用能力、网络印象管理能力与网络安全与隐私保护能力越高，网络成瘾倾向越高。因此，假设 H5、H10 成立，假设 H6、H7、H8、H9 不成立。从对因变量网络成瘾倾向的解释程度来看，上网注意力管理对网络成瘾倾向的解释能力最强，调整后 R 方值为 26.5%，其余的变量排序依次为网络印象管理能力（10.7%）、网络价值认知和行为能力（0.4%）、网络安全与隐私保护能力（0.4%）和网络信息搜索与利用能力（0.3%）。

在大学生网络素养水平与网络成瘾倾向的关系中，上网时长起到负向的调节效应，也就是说当上网时长降低时，可进一步提升网络素养对网络成瘾的影响作用，假设 H11 成立。

综合而言，具体的研究假设验证情况如下：

H4 大学生网络素养对网络成瘾倾向有负向影响（成立）

H5 大学生上网注意力管理能力对网络成瘾倾向有负向影响（成立）

H6 大学生网络信息搜索与利用能力对网络成瘾倾向有负向影响（不成立）

H7 大学生网络信息分析与评价能力对网络成瘾倾向有负向影响（不成立）

H8 大学生网络印象管理能力对网络成瘾倾向有负向影响（不成立）

H9 大学生网络安全与隐私保护能力对网络成瘾倾向有负向影响（不成立）

H10 大学生网络价值认知和行为能力对网络成瘾倾向有负向影响（成立）

H11 上网时长在大学生网络素养水平与网络成瘾倾向之间起到负向的调节作用（成立）

第 3 章　认知行为理论对大学生网络成瘾倾向的讨论

从问卷的数据分析中可以看到，当代大学生具有一定程度的网络成瘾倾向，个人、家庭、学校的部分因素对网络成瘾倾向产生了较为显著的影响，此外网络素养水平的高低也影响着网络成瘾倾向的高低，上网注意力管理能力、网络信息搜索与利用能力、网络印象管理能力、网络安全与隐私保护能力、网络价值认知和行为能力都对网络成瘾倾向产生或多或少的影响。问卷对整个大学生群体的网络成瘾倾向具有较高的解释力，然而对于大学生来说，不同个体网络成瘾的具体表现各不相同，促使不同的个体陷入网络沉迷的原因也有所差异。在大规模的数据收集之外，研究者还对具有较高网络成瘾倾向的 20 名大学生展开了深度访谈，通过点与面相互补充的方式，并结合认知行为理论进一步讨论在当代网络环境之下大学生的网络成瘾表现及原因。

一、大学生网络成瘾的症状表现

在网络使用情况上，访谈中的 20 名大学生全部表示他们每日均会使用网络，网络已经成为其日常生活中必不可少的一部分，他们的日均使用时长均在 7 个小时以上，其中三位受访者的日均使用时长达到了每日 10 个小时及以上。一位受访者展示了手机上的屏幕打开次数，每天大概会打开手机 150 余次，有一天甚至打开了 192 次。根据北京军区总医院制订的《网络成瘾临床诊断标准》，网络成瘾的病程标准为平均每日连续使用网络时间达到或超过 6 个小时，并且这一状态已达到或超 3 个月，虽然 20 名大学生的网络使用行为是不连续的、存在间断性的，但其网络使用总时长和频率已经达到了网络成瘾的病程标准。对于多数大学生来说，上网是一种无意识的习惯性行为，受访者 F3 表示，"日常生活中如果不加控制的话闲下来就会无意识地打开手机上网，如果有意识控制的话就会在用的时候在时间上加以控制"。20 名大学生中有 18 名从小学开始上网，有两名从幼儿园开始上网，上网的原因多为家里买了电脑、小学时开始上信息技术课以及使用父母的手机，为其提供了接触网络的机会。对于 Z 世代大学生来说，从幼时开始的网络使用行为使其娴熟地掌握了各项网络技能，并成为"数字原住民"。受访大学生的上网行为主要包括网络社交、网络游戏、网络购物等，娱乐是其上网最主要的目的，"有空闲的碎片时间就会拿起来手机娱乐消遣"（F5）。

本研究将网络成瘾的症状表现分为渴求、戒断反应、耐受性和社会功能受损四类，网络成瘾的渴求症状表现为对网络有一种想要频繁使用的强烈渴求或冲动，受访者纷纷表示随时随地都会希望打开手机查看消息或者是与人交流，特别是在学习或者工作的时候无法全身心投入，忍不住会打开手机来看消息、刷微博等。在期末复习阶段，为了压制自己使用手机的冲动，受访者 F5 表示其会选择不带手机去图书馆学习，然而"学习的时候很难集中注意力，特别是在学习的后期会想尽办法回宿舍拿手机去看信息，实在是无法与手机分离太久"，受访者 F7 同样表达了自己对网络的热切渴望，"很希望上网与人交流，如果连不上网的话会很焦虑，不知道有没有人会找我"。

对网络的戒断反应在于当减少或停止上网时，会出现周身不适、烦躁、易怒、注意力不集中等情况，由于受访大学生均处于一直在使用网络的状态，因此大多数学生戒断反应的表现并不是很强烈。部分受访者表示存在一定的网络戒断反应，表现为"当没办法上网的时候会感到很烦躁，忍不住去抠手"（F2），"特别在长时间上网之后，或者要学习东西把手机放下的时候会很焦虑，觉得自己还在被网络上的内容吸引，突然离开了很不适，还想再看两眼"（M7）。而网络使用的持续状态也会对日常的学习和工作状态产生影响，"当从玩手机的状态切换到学习的状态时很难顺利的过渡，大脑没有办法调整到学习状态，注意力难以集中"（M5）。然而，面对网络带来的戒断反应，大学生具有较强的主观能动性和抵抗意识，部分受访者表示自己会采取一定的措施去对抗这种戒断反应，例如"会主动去少看手机，在期末考试周会设置屏幕锁来限制自己的手机使用时间，时间长了慢慢就习惯了，也不再会对没有手机的情况产生焦虑了"（F6），或是"找到可以替代的东西去转移注意力，比如做手工、和朋友出去玩，就不会再沉迷于网络中了"（F8）。

对网络的耐受性表现为个体为了寻求满足感而倾向于逐步提升其在网络上的时间投入和专注程度，在受访的大学生中，大部分学生会有意识克制自己上网的时间，当达到某个时间或某个程度时会主动停止上网，受访者M1表示"有的时候手机使用到某个程度就会觉得无趣，这时就不会在网络上投入过多时间了"，受访者F4将上网的时间长短和现实生活的充实程度联系起来，当"现实生活比较充实的时候，就不会再上网去寻求满足感了，更享受现实生活的充实状态"。也有一部分受访者难以控制自己上网的时间，他们的上网状态是许多陷入网络成瘾大学生上网时的一个缩影，"有时可能会一直玩控制不住，尤其是当刷短视频这种碎片化的阅览时会不自觉地刷。当期末周学习压力比较大的时候也会想通过上网来排解压力，但实际上刷手机的时间越长会越焦虑，因为少了很多时间来学习"（M3）。网络世界的沉浸感和新鲜感也是许多大学生建立耐受性的原因之一，"有时候晚上看小说没有看完会一直看到凌晨三四点，特别是沉浸感较强的时候会不自觉地增加时间"（F7），"临睡前习惯性寻求放松的感觉，会不断地去刷短视频，当接触了网络世界之后产生了新鲜感和探索欲，就会为了获得更多的新鲜感不停地刷短视频，这种状态打破了我对时间的规划和正常的作息状态"（F12）。

对网络的过度使用也对大学生生理和心理方面产生了一些不良影响，对其学习、工作和交往的能力造成了一定程度的损害，部分学生会因为过度使用网络而对自己的学业和职业前景感到悲观、自我评价过低、情绪低落、失去对事物的热情和新鲜感、愉悦感下降、与人交流过少或产生社交恐惧。在受访的大学生群体中有80%的学生都表示自己的网络成瘾倾向给自己带来了一些负面影响，在生理上主要体现为影响视力、正常作息，以及上网时久坐造成腰酸背痛等情况，而在心理上体现为会让自己的注意力分散、学习投入度下降，"期末复习的时候我每学习一到两个小时就会拿起手机看，而在复习的间隔也会把时间花在手机上"（F11）。受访者F13认为网络使用加剧了自己的拖延心理，"面临一些学习和工作任务会有拖延的状况，会用看手机的方式来逃避完成任务并拖延时间"（F13）。同时，许多大学生在网络社交上投入许多时间和精力，使得现实中与人交往的能力有所下降，"我更习惯于网络社交，在网络社交的时长比现实中和别人相处长很多，因此在现实生活中不知道怎么和人交往，会认为网络上和别人交流更有安全感"（F10）。

二、大学生网络成瘾的认知行为理论分析

班杜拉认为认知、行为和环境是相互影响、彼此联系着的，三者的关系可以说是"你中有我，我中有你"。人的认知和行为彼此依赖、相互塑造，个人对行为结果的预期影响着其采取的行为方式，而行为结果又会反过来对个人的认知方式产生调整与改变。不同的环境也会影响到个体的认知，并通过认知形塑了个体的行为倾向。研究者通过问卷调查和深度访谈发现，在导致大学生网络成瘾行为倾向形成的多重因素中，家庭和学校因素作为外界的环境因素导致个人认知的形成和行为的发生，个体网络素养则作为一种内部认知可以对网络成瘾行为倾向进行解释。

（一）外界环境因素对网络成瘾倾向影响的分析

对于大学生来说，家庭和学校都是其在成长过程中进行社会学习的重要媒介。家庭层面，问卷数据发现家庭关系亲密度越高，大学生的网络成瘾倾向也就越低。当代大学生许多都是独生子女，从小缺少兄弟姐妹的陪伴，父母多在外工作而缺少与子女的相处时间，家庭关系相对比较疏离，这使得大学生在成长的环境之中很容易产生孤独感，认为自己不被社会所认可和接受。大学生渴望与他人交流，表露自己真实的内心想法，并迫切需要获得他人的尊重，而网络正给予了他们与外界沟通和展示自我的重要平台，帮助他们重新塑造精神世界，因此也导

致了大学生对网络的贪恋。部分受访者表示，他们的社交几乎全部都是在网络空间中进行，很难在现实生活中与他人正常相处，"小时候，父母工作很忙，我很少和家长沟通，总是感受到一种很强烈的孤独感，于是便会上网，通过和网友聊天、看网络上大家丰富的生活来缓解自己的孤独感。但是有时候当我放下手机的时候，反而会感觉更加孤独"（F12）。他们沉浸在网络世界中，逐渐减少了对现实世界的关注，使得现实生活中的人际交往受挫，这增强了他们对孤独的感知，而强烈的孤独感又驱使他们再次藏身于网络所包裹形成的外壳之中，加深了对网络的依赖和沉迷，陷入了一个无限循环的怪圈。因此，家长应密切和孩子之间的关系，及时关注孩子在生理和心理上产生的变化，满足大学生自身的健康成长需求。

父母应和孩子建立起和谐、恰当的亲子关系，通过对相关大学生的访谈了解到，容易网络成瘾的大学生大多处于一段不健康的家庭关系之中，家长或是过度干涉子女的行为，小到衣食住行，大到职业选择的每个决定都要进行干预，使孩子逐渐形成扭曲叛逆的心理；或是对孩子过度严厉，家长只看得到孩子的缺点而看不到孩子的优点，子女犯一点小错误就会受到言语甚至是身体上的惩戒。在这种家庭环境中成长的大学生，易产生自卑和否定心理，对家长也产生了畏惧和抵触情绪，难以真正达成家庭关系的亲密。由于在现实中得不到肯定和满足，这部分大学生转而投向网络寻求自我满足，更容易沉迷于网络世界带来的快感之中，"从小就被家长管得很严，什么事情都要管着我，感到被压得透不过气来，这时就会很想到网络世界中寻求自己的空间"（M5）。

除此之外，当代大学生从幼时起便开始接受应试教育，而当脱离了应试教育的压力进入大学的素质教育之中时，他们发现自己被父母严格管控的上网行为突然解除了限制，于是便在网络中疯狂发泄自己的上网冲动，甚至是"报复性地上网"，有受访者描述道"可能是因为高中受到的限制太多，需要将时间更多地投入学习中，上网的冲动和欲望被压制，而到了大学，老师管理放松，家长也不会再管了，就会产生上网的报复性心理"（F11），"小时候过于被限制，到了大学没有人再管了就可以无拘无束地上网了"（F8）。一旦大学生为了满足自己的补偿性心理而不断增加上网的强度和投入程度，网络成瘾倾向也就会不断加深。

学校层面，研究发现学校开设网络素养课程的大学生网络成瘾倾向会更低，通过网络素养课程大学生可以系统性地学习如何进行上网注意力管理、网络信息搜索与利用、网络信息分析与评价、网络印象管理、网络安全与隐私保护、网络价值认知和行为等必要的网络素养知识，认识到网络世界的方方面面，培育起网络安全意识、文明素养和健康的网络行为习惯，"感觉网络素养课程对我来说很新颖有趣，上课的过程中老师的案例、讨论让我看到了一些新的观点，也让我非常显著地认识到了网络成瘾的危害"（F2）。在一些网络素养课程上，教师通过让学生记录媒介接触日志的方式，来让学生记录下每天使用各类网络媒介的形式、时长和接触状态，并让学生从认知和行为等方面来评价使用媒介所产生的效果，这在帮助学生戒断网络方面提供了有益的支持，"媒介接触日志直观地显示了我的手机使用时间，通过记录媒介日志使我发现我玩手机的时间很长，也对我起到了一定的警示作用，之后我会主动去减少玩手机的时间和次数"（M5），由此可以看到网络素养课程对干预网络成瘾的正向影响。

除此之外，上课时间使用手机的频率越高、影响越大，网络成瘾倾向也越高。大学课堂应是学生学习专业知识和能力的主要场所，然而目前在课堂上学生不专心听讲、只顾着埋头玩手机的现象十分普遍。如果不对学生的课上上网行为进行管控，会使学生更加肆无忌惮地使用网络，不仅无法吸收课堂上老师的教学内容，还有可能加剧其网络成瘾倾向的滋长，"我在课上下意识地就会开始看手机，有的时候尽管觉得这样不对还是忍不住去玩，结果老师上课的内容一点也没有听进去"（F7）。有一些学校和教师在管控学生玩手机的行为上做出了探索和尝试，并取得了比较理想的效果。有受访者提到在课上老师发放了手机袋，让同学们将手机放到袋子里，从而保证在课上不再打开手机，全身心地倾听老师讲解课程，他认为手机袋的使用是非常有益的，"使用手机袋后我发现自己在课上玩手机的时长和频率都有所下降了，自己会有意识地控制玩手机的行为，更加投入课程本身"（M2）。因此，学校可以通过各类管制手段和鼓励方式来降低学生在课上上网的频率和影响，为学生构建出良好的学习环境，让学生不仅可以避免沉迷于网络，更能够学有所成、学有所得。

（二）大学生网络素养对网络成瘾倾向影响的分析

认知行为理论中的主体认知主要由两部分构成，一部分是对个人是否掌握某种能力的判断（自我效能），另一部分为个人对行为可能带来结果的判断（结果期望）。本研究所讨论的网络素养水平即大学生对自我是否掌握网络素养各项能力的判断，即"自我效能"。问卷数据证明了网络素养水平高低对网络成瘾倾向的解释力，在访谈中，这一点也得到了进一步的证实。根据认知行为理论，对于网络的错误认知容易导致沉迷于网络一系列行为的产生。在网络素养的六个维度中，通过回归分析发现，上网注意力管理能力和网络价值认知和行为能力对网络成瘾倾向具有显著的负向影响，网络信息搜索与利用能力、网络印象管理能力与网络安全与隐私保护能力对网络成瘾倾向具有显著的正向影响。

上网注意力管理指的是个体在网络使用中注意力的分配和控制能力，涵盖了认知、情感和行为三个核心层面。大学生的上网注意力管理能力越强，网络成瘾倾向也就越低。在认知方面，大学生上网通常是一种无意识的行为，他们的上网是没有目的性的，并不知道自己上网具体想要达成的目标，"我每当无聊的时候想拿起手机看一下，其实也不知道自己上网要干什么，但是当没有网络的时候就会感到不适应"（F13）。在上网的过程中，大学生会充分沉浸在网络世界之中，如果网络使用的行为被迫中断会激发其愤怒的情绪，"如果谁突然让我停止上网，我会觉得很莫名其妙，甚至会暴怒"（F1）。因此，对于网络成瘾倾向较高的大学生来说，他们难以控制自己上网的时间和行为，即使有其他的学习和工作任务要完成，也很难立刻停止上网，"我本来可能是想做某件事，但如果这一过程中受到网络的影响就会拖延，难以集中在先前任务上的注意力，会在网络上多做一些不必要的事"（M1）。上网注意力管理能力较差的大学生通常会让网络使用占据自己日常生活中的大部分时间，"我随时随地都会不自觉地拿出手机开始看，在上课时也会玩手机，没有办法集中注意力听老师讲课"（F6）。大学生网络使用自我控制能力较差，无法建立起网络使用的计划性、觉察性和理性倾向，难以控制上网时的情绪和冲动，最终导致其容易陷入成瘾的怪圈之中。

网络信息搜索与利用能力指的是能够有效地利用互联网完成信息检索和使用的任务，并使其成为自己的学习工具，网络信息搜索与利用能力越高，网络成瘾倾向也就越高。当代大学生作为与网络共同成长的一代，能够有效地进行信息搜索、分辨、保存和利用工作，以合适的方法和工具通过网络搜寻到自己所需的信息。这部分大学生的求知欲和好奇心均比较强，倾向于在网络世界中以全身心投入换取大量信息和知识的获取，这固然可以使学生的知识面拓宽，但如果没有足够的自我约束能力以及主动思考和过滤各类信息的能力，就容易沉溺于网络信息海洋之中，在网络世界里"乱花渐欲迷人眼"。在访谈中有受访者谈到"感觉自己处于一种被信息裹挟的状态，经常想要上网获取最新的信息，很担心自己追赶不上信息潮流"（F2），过量的信息充斥于现实生活之中也会造成大学生的"信息焦虑"，"我在信息搜索和利用方面存在着很高的焦虑，这让我的神经时刻紧绷着，感觉十分疲倦"（M4），由此看来，信息的过度获取和信息焦虑都会加速网络成瘾倾向的产生。

网络印象管理能力是指大学生在社交网络上的印象管理策略和能力，包括迎合他人、社交互动和自我宣传的能力。本次调研发现，网络印象管理能力越高，网络成瘾倾向也就越高。这是因为网络印象管理越强的大学生，会花更多时间流连于社交网络上，时刻关注自己在社交平台上的动态和别人对自己的评价，愿意投入更多的时间美化自己的"前台"，导致其更加容易沉迷于社交网络之中。20名受访者全部表示网络社交是其网络使用的主要行为，其中微信、QQ、小红书等社交软件占据其手机屏幕使用时间的大部分时长，在日常生活中他们通常会在各类社交平台上分享自己的生活经历，达到塑造自我形象的目的。例如，受访者F7除了大学生的身份之外，也是一名在小红书上分享日常生活的博主，她向研究者表达了印象管理能力给她造成的对网络的渴求冲动，"每当我在小红书上发了一篇笔记之后，都很想打开手机看一看我发的小红书笔记有没有被看到，有没有人评论，等等"（F7）。

网络安全与隐私保护能力主要指关注和保护网络上个人信息的能力，可以具体划分为安全感知及隐私关注和安全行为及隐私保护两个层面。数据结果表明，网络安全与隐私保护能力越高，网络成瘾倾向也就越高。受访的大学生大多数表示当平台要求获取信息时，自己能够谨慎思考并理性对待；当自己的在线隐私受到侵犯时，也能够找到较为妥善的处理方式。然而，对网络个人信息的关注和保护能力进一步提升了他们上网的信心，认为自己游刃有余地处理网络方方面面的任务，从而增强了其上网的意愿。"从小学上网到现在，我认为我现在上网的能力是很强的，能够保护好自己的网络隐私，对网络是有较高的掌控能力的，这也让我越来越喜欢、越来越习惯于运用网络"（F12）。正如受访者F12所描述的，当代大学生对网络安全与隐私保护具有较高的自信心，故产生了强烈的上网意愿，并增加了上网的频率。

网络价值认知和行为能力是指大学生在上网时能够自觉遵守网络各类规范，抵制网络暴力事件，合法、合规地约束自己的网络行为，并正确地认识和网络信息有关的道德知识和伦理知识。研究显示，网络价值认知和行为能力越低，网络成瘾倾向也就越高。当代网络环境纷繁复杂，充斥着不良商业广告、暴力色情信息、娱乐八卦内容等影响大学生身心健康的信息，如果大学生没有较高的网络价值认知和行为能力，就会无法认清网络上良莠不齐的内容，甚至会利用自己的网络知识参与到网络暴力、网络病毒传播的队伍中，这样也会使大学生更加容易迷失于网络环境之中并受到不良网络信息的影响。受访者 F4 表示，"短视频、微博上面的一些内容会给我带来负面的情绪，特别是一些毒鸡汤，我很不自觉地就会陷入其中的逻辑"（F4），网络负面信息具有超强的感染力和传播力，如果大学生无法分辨识别，就会陷入网络负面信息营造出的虚拟空间并难以自拔。

此外，上网时长对大学生的网络成瘾倾向起到负向的作用，并在大学生网络素养和网络成瘾之间起到负向的调节效应，随着大学生的上网时长从短到长，网络素养对网络成瘾倾向的负向作用逐渐被削弱。大学生作为网络使用者应具有自我控制和管理能力，做网络的主人，然而实际上许多大学生的网络成瘾都起源于自律意识和主体意志的缺乏，无法控制自己的上网时长，最终反被网络所控制。访谈中受访者在剖析自己的上网行为时经常会谈到自己无法控制上网的时间和频率，"如果我自己不加以控制的话闲下来就会无意识地上网"（F3），"我认为我有时对网络的渴望有点失去控制，这会影响到自己的日常生活"（F5），"我发现自己每天拿手机的次数很多，主要做一些娱乐相关的事情，有点控制不了自己"（F9）。部分大学生缺少自我约束和自我节制能力，难以通过理性来控制自己的上网时长，大学生在网络上花费的时间过多，在学习、生活等方面可自由支配的时间大大减少，陷入时间贫困和成瘾困境之中。

第 4 章 大学生网络成瘾的预防路径

一、个人路径

根据认知—行为模型对网络成瘾倾向的解释，个人认知是产生网络成瘾倾向的主因和近因，也就是说大学生对网络的错误认知导致了网络成瘾的发生。前文研究发现，大学生网络素养水平与网络成瘾倾向呈现显著负相关的关系，网络素养的六个维度中有五个维度与网络成瘾倾向之间具有显著的相关关系。因此，可以认为加强大学生的网络素养教育，改善其网络素养水平中部分维度的能力表现，特别是提升其上网注意力管理能力和网络价值认知和行为能力是降低其网络成瘾倾向的重要路径。

其中，上网注意力管理因素对大学生网络成瘾倾向的预测力最强。因此，大学生需要加强上网注意力管理，运用注意力自身的特性去控制上网过程，通过提升注意力的广度和深度、合理调控上网注意力的分配来防止网络成瘾的产生。大学生在使用网络时，应该将注意力放在网络的高质量信息上，避免在纷繁复杂的网络环境中迷失方向。在访谈中，许多受访者都提到了主动构建远离手机诱惑的环境对自己防止网络沉迷的重要意义，因此大学生可以通过使用手机袋、设置屏幕锁等方式为自己构建起一个远离网络诱惑的环境，通过情境隔离来把控自己的上网行为。

大学生应注意遵守网络道德规范，以提升网络价值认知和行为能力。大学生应对照道德标准严格要求自己，主动形成道德约束，并构建积极良好、健康向上的网络氛围。大学生在面对网络中的海量信息时，需要练就一双"慧眼"主动分辨、筛选，审慎看待各类网络信息和网络关系，自觉抵制网络暴力、网络色情等负面信息；遇到舆情事件时能够积极思考，理性、全面、客观地看待，不被舆论所裹挟，避免受到群体极化和认知偏见的影响，拒绝成为"键盘侠"；面对网络不文明行为和不良诱惑时保持冷静、理智，必要时可以寻求朋友、家长和老师的帮助；自觉遵守网络规则，尊重网络知识产权，牢记"网络空间不是法外之地"，不在网络上做任何欺诈、作假、造谣、剽窃等违反法律法规的事情，将道德和法律意识内化于心。作为使用网络的重要群体，大学生应明晰网络空间和现实空间之间的界限，不断提升自身思想道德修养和增强法律意识，规范自身的网络行为，在网络上主动传播正能量、构建清朗网络空间。

研究发现，上网时长会影响到网络素养对网络成瘾的作用，因此大学生要格外关注自己的每日上网时长，在日常生活中监测自己的屏幕使用时间、手机打开次数，明确自己使用网络的目的和范围，制作媒介接触日志以逐渐形成注意力管理曲线；为自己制定一份合理的网络使用计划表并有意识地去执行，规定自己的网络使用时间，在阶段性完成计划时给予自己奖励以实现正向强化；可以适当地通过正念、身体扫描等方式形成自我意识，提升自我感知能力。大学生还可以利用元认知干预技术，通过一系列放松训练将消极情绪转换为积极情绪，并在积极情绪的影响之下产生正确的思维、情绪和行为反应，解决注意力集中困难的问题，提升注意力品质。

大学生作为具有创造精神和探索精神的一代，应充分发挥网络的积极作用，学会使用网络的不同功能，跟上信息化社会的更新节奏，充分掌握和了解虚拟现实、增强现实、区块链、元宇宙、生成式人工智能等网络新名词，才能避免陷入不断更迭的网络技术建构出的越来越逼真、精彩的虚拟世界之中。要充分发挥主观能动性，根据不同社交媒体平台的不同特点，选择适合的方法、不同的策略来发布形式和主题各异的网络内容，维护和管理自己的网络形象。

认知—行为模型（Cognitive-Behavioral Model）还认为，个人较低的自我效能感、自我价值感和自我调节能力都是导致网络成瘾倾向的重要因素。因此，对于大学生来说，要认清网络的两点属性：其一，网络本质上只是一个拟态环境，不要沉迷于网络虚拟空间的陷阱之中，要主动去管理和约束自身的上网行为，坚持适度、适量和适时的原则，有节制地进行上网活动，学会掌控网络而不是被网络所掌控；其二，网络是一把双刃剑，要正视网络的优势和弊端并学会趋利避害，调节自身对于网络的态度，建立起正确的网络使用习惯，找到网络空间内蕴含的自我价值，通过不断学习、提升网络使用能力以增强网络效能感和价值感。

二、家庭路径

为了提高大学生的网络素养水平，家长首先要以身作则、言传身教，提升网络道德水平、管理使用网络的时间和范围等，才能为孩子做出良好的榜样和示范。访谈中许多受访者提到了自己和家长在网络使用上存在着隔离，使得亲子关系愈发疏离，那么部分家长对网络不熟悉不了解，导致父母与大学生子女之间的数字鸿沟不断扩大这一情况，父母应正视网络的功能，不能将网络视为"洪水猛兽"而是将其作为学习的媒介，加强对最新网络知识和媒介形式的学习，与时俱进，提高网络使用的能力，从而能够针对网络问题与孩子更好地沟通，缩小和孩子因网络产生的代沟。在沟通方式和方法上，家长应使自己处于和孩子平等的位置上，尊重子女的想法和意见，减少命令性的说教方式和权威式的教育态度，最大限度地保证子女的个人能动性和创造性，以朋友的身份和孩子沟通才能更好地了解子女沉迷网络的深层次原因，从而诚恳地提出有针对性和建设性的建议，这样也会使大学生更加乐于接受并主动去改变，避免孩子陷入网络成瘾的怪圈之中。

家庭关系亲密度对降低孩子的网络成瘾倾向具有正向的作用，因此家长需要为孩子营造积极、健康的家庭关系，首先是要形成民主式的家庭教育，减少对孩子的干预和控制，大学生是孩子从家庭走向社会、培养独立思想和健全人格的重要阶段，家长在孩子自己的事情上应给予孩子充分的自主权，既不让孩子产生依赖心理，同时也能培养其科学决策、对自己负责的独立人格；其次，家长应给予孩子充分的关爱、鼓励和支持，肯定其人格的完善和成长，并在孩子需要的时候提供必要的帮助，关注孩子的上网行为，避免孩子走偏，当发现孩子网络成瘾的苗头时及时予以制止。家长要掌握亲子关系建构的尺度和分寸，既不能"聚频心离"，又不能"聚疏心离"，"聚频心系"的亲子关系才是能够真正防止孩子网络成瘾的和谐亲子关系。

媒介依赖理论指出，个人和媒介之间容易形成一种依赖关系，这是由于在受众—媒介—社会的三角结构中，媒介的功能拓展使得个人越来越依赖媒介来建立起和社会的联系，而个人越依赖媒介，反而会越减少与现实社会的交往，使个人越来越孤立于社会，并加剧了对网络的沉迷和依赖。从这一角度上来说，现实的社会支持是将个人从网络虚拟世界的泥沼中拉出的有力之手，对于大学生而言，家长就是提供社会支持和现实力量的重要责任人。如果父母可以帮助大学生在现实世界中找到兴趣和支持，就能将网络成瘾者拉回现实世界之中，大大减轻其网络成瘾倾向。父母可以多为孩子创建一些现实的家庭活动和社交活动，将孩子的注意力从网络世界中转移；在家庭教育中，父亲和母亲可以担当起不同的家庭角色对孩子进行差异化教育，通过给孩子充分的爱和支持，使孩子在现实世界中找到自己的定位和价值，加强对现实生活的适应。

三、学校路径

调研结果说明，学校有无网络素养相关课程、在上课时间使用手机频率、在上课时间使用手机影响均对网络成瘾倾向具有显著影响，因此学校需要不断加强网络素养教育，加强课堂上的网络设备管理，以有效地预防和治疗大学生网络成瘾。目前，我国高校有一些已经开始开设网络素养的相关课程，但并未覆盖到全部范围，下一步应建立起统一的网络素养教育课程体系，有条件的高校应将网络素养课程纳入大学生的必修课范围之中。

高校的网络素养教育要涵盖网络使用相关知识的各个方面，如网络行为规范、网络安全知识、网络法律知识、网络使用规则等，使学生能够全面、清晰地认知到网络的利与弊，以及如何正确、规范地使用网络，逐渐树立起网络规则意识，在校内外均能文明上网、健康上网、安全上网。访谈结果显示，许多高校的网络素养课程目前仅停留在基础的网络能力培养上，而为了防止大学生网络成瘾，浅尝辄止的网络素养教育显然是不够的，网络素养教育未来要向多角度、全方位的目标拓展，需包括网络素养的六个维度，即上网注意力管理、网络信息搜索与利用、网络信息分析与评价、网络印象管理、网络安全与隐私保护、网络价值认知和行为的相关概念和能力培养。除了独立式的网络素养课程之外，学校也应加强融合式网络素养课程的探索，将网络素养教育适时适度地融入高校思想政治教育课程之中，潜移默化地提升学生的网络能力。

对于网络世界的千变万化，高校应适时引入最新的网络知识，如人工智能、元宇宙等新兴网络资源和概念，保持网络素养课程的创新性和时代性。要注重课程的教学效果，可以以学生的评价为指标对课程设置进行改进，促使网络素养课程能够教授给学生真正所需要的网络知识，达到学生的期望值。同时，在课堂上可以多组织一些小组合作的探索式学习活动，使学生们就网络的知识和能力应用有着充分讨论和交流的空间，创造宽松、积极、向上的课堂氛围。

数据表明，大学生在上课时间使用手机的频率越高、影响越大，网络成瘾倾向也会越高。目前，高校中普遍存在大学生在课堂上专注于使用手机和电脑，不认真听老师讲课这一现象，这不仅会加剧学生的网络成瘾倾向，同时也会对教师的教学效果和学生的学习效果都产生不良影响。对此，任课教师应加强对学生上网行为的管理，尤其是要管控学生的课上上网行为，禁止学生在上课时使用手机做与课堂学习无关的事情，必要时可以给予其适当的惩戒。教师要让学生认识到，网络应当是促进学习，而不是影响学习的工具，学生在课后可以使用网络查阅资料来丰富自己的知识储备，而在课上需要将精力全部集中于教师的教学之中。总而言之，高校应进一步加强对学生的教育引导，使学生将课堂内外的学习和网络这一工具有机结合，发挥网络的正向作用、规避网络的负面作用来促进学生学习。

针对已经出现较高网络成瘾倾向的学生，高校可以采取一些矫治措施。例如，北京师范大学发展心理研究所结合认知行为疗法、动机激发理论等多种干预治疗理论和心理需求网络满足优势等网络成瘾理论开发出一整套改善网络使用行为的综合预防和干预方案，其中包括心理训练方案、团体训练方案等。对于高校来说，可以借鉴其中的认知—行为团体干预方案，也就是借助团体辅导的方式，通过改变大学生对网络的错误认知和行为来达到戒除网瘾的目的。认知行为团体训练已在部分高校得到了应用并取得了良好的效果。高校可以将认知行为理论作为依托，从动机激发、认知觉察行为应对、建立并完善社会支持系统、提升时间管理与行为控制这五个方面出发，开展相应的主题活动，对网络成瘾大学生实施干预，通过"现状了解—问题分析—尝试训练—反馈调整"的模式来矫治网络成瘾患者。实践表明，团体行为训练具有较高的科学性、系统性和操作性，通过对网瘾大学生的团体训练使得大学生的网络依赖水平明显降低、自我管理能力有所提高以及非适应性认知得到修正。

此外，大学生的网络成瘾行为同样属于一种网络心理问题，大学生现实需求的缺失使其转向网络游戏、网络社交寻求满足，最终形成网络心理障碍。因此，高校要从防治大学生的心理障碍入手，培育起学生的积极心理品质，构建起一套完整的高校网络心理健康教育体系。具体而言，就是要对大学生不同的网络成瘾症状表现进行识别、建立起网络心理危机的干预和反应机制，以及设置网络心理健康预警、联动和反馈机制的网格化。高校可以通过建设网络心理健康专题网站、设立心理咨询热线、开展网络心理健康主题讲座等方式来实现，并需要配备一支由高校辅导员、班主任、班级心理委员以及专业心理咨询师组建成的网络心理健康教育队伍，为学生的网络心理健康保驾护航。对于学生个性化的网络成瘾行为表现，也需要对学生进行一对一的心理辅导，了解其内在的心理诉求并有针对性地提供帮助，心理咨询过程中要注意保护学生的隐私性，并要建立起长期的跟踪观察机制，直到帮助学生彻底摆脱成瘾障碍。通过个体、团体心理辅导等多种形式，建立起由点及面、点面结合的网络心理健康服务机制，以满足全体学生的网络心理需求。

四、社会路径

为了实现防治大学生网络成瘾的目标，仅依靠个人、家庭和学校的力量是远远不够的，还需要社会各界共同发挥作用，建立起网络综合管理机制，为大学生健康上网营造风清气正的网络空间。首先需要政府加强对网络的监管，加速构建统一、完善的网络法规体系。目前，我国政府针对未成年人网络保护先后出台了《中华人民共和国未成年人保护法》《关于进一步严格管理切实防止未成年人沉迷网络游戏的通知》等法律，对未成年人上网的时间、范围等进行了严格的限制，但是目前国家针对大学生网络成瘾这一现象并未给予高度的重视。未来可以针对大学生的特点，将未成年人网络成瘾防治的相关措施推广普及，从根本上杜绝大学生群体网络成瘾的可能性。2013年2月17日，文化部联合互联网信息办公室、工商行政管理局等15个部门出台了《未成年人网络游戏成瘾综合防治工程工作方案》，对各方防治网络成瘾的职责进行了部署，并对存在漏洞的网络市场环境进行了规范。2023年12月22日，国家新闻出版署起草了《网络游戏管理办法（草案征求意见稿）》并向社会公开征求意见，意见稿中对限制游戏过度使用和高额消费的政策措施进行规定，未来可以继续将这一点细化，并从网络游戏延伸到网络音视频、网络直播等各个领域。传媒企业向社会大众提供普遍性的网络服务，更需要贯彻落实国家的各项法律法规，不断提升网络保护能力，完善保护机制和监管体系，避免其网络设计导致大学生网络成瘾的可能性。

目前，学界从各个角度对网络成瘾的干预治疗开展了广泛的研究，下一步应以政府为主体，社会公益组织和医疗机构为辅助力量，将网络成瘾的心理干预方案推广到临床的治疗工作中去。高文斌研究团队制定了系统补偿综合心理治疗方案，并在临床试验中取得了良好的成效，为了在全国各地区的大学生网瘾治疗中普遍应用，还需要深化相关心理机制和临床干预研究，将该方案进一步系统化、操作化、标准化，针对不同地区、不同个体的不同情况，研制心理干预方案的不同适用版本，使其适应网络时代的发展节奏和大学生的实际需求。大量研究证实，认知行为疗法在网络成瘾问题改善的过程中发挥着重要作用，符合网络成瘾问题的干预逻辑，对许多网络成瘾者具有启发和强化作用，因此社会工作者同样可以运用认知行为疗法对大学生的上网活动进行干预。社会工作者要将政策体系和实践服务充分结合，遵循国家的政策规定开展一线的专业服务，同时呼吁社会多元主体参与互动，搭建起对大学生的支持系统，帮助大学生摆脱网络成瘾，重新融入正常的校园和社会生活中去。

本研究通过千余份数据论证了网络素养对网络成瘾防治的作用，因此对大学生的网络素养教育势在必行。社会层面亟须建立网络素养教育的统一机制，这需要政府部门发挥组织协调作用，统筹管理网络素养教育的开展，推动大学生以及全体网民网络素养的提升。在网络素养教育方面，部分发达国家已经持续运行多年，具有先进成熟的经验。例如，英国的媒介素养教育自小学拓展至大学教育的整个过程，拥有一套完备的评价系统，并专门设立"媒介研究"的课程，旨在深化学生对网络世界的认知，培养其批判性理解和运用网络媒介的能力。日本大学的媒介素养教育分布于各个专业之中，呈现出专业性与融合性并重的特色，对大学生个体采取专业性的培养方案。美国将媒介素养教育提升到国家教育体系的战略高度，并与语言艺术、社会研究、数学等不同类型的课程融合，将媒介素养教育理念渗透于教学的各个环节。新加坡形成了公益组织和政府职能部门紧密合作的模式，其中公益组织为网络素养教育的有序运行培养了大量优秀的师资力量，被称为网络素养教育的"无冕导师"。

我国在网络素养教育上可以借鉴其他国家的优秀经验，并逐渐探索出一种适合我国大学生自身发展特点的网络素养教育。具体而言，需要建设网络素养教育的在线平台，为学校、家庭实施网络素养教育提供丰富可借鉴的资源，如最新的研究报告和调查结果、网络素养指导手册、网络素养服务热线等，对大学生网络成瘾问题可以开设特别专栏并提供专项服务。需要发动各方力量，如互联网企业、公益机构等开展网络素养教育项目，编写网络素养教育读本，引导大学生建立起正确的上网习惯，合理有效地使用各项网络服务。需要建设网络素养教育基地，为大学生提供正能量、有内容、高质量的网络精品课程，从大学生群体中培养未来互联网建设的主力军。

根据媒介培养理论，大众媒介在人们认知和理解现实世界的过程中发挥着巨大的影响，在潜移默化之中形成了人们的现实观和社会观。网络媒介是大学生获取网络信息的主要来源，并对大学生世界观、人生观、价值观的形成具有广泛而深刻的影响，因此网络媒介也在网络素养教育中担负着重要的职责，应发挥正向的引导作用，为高校大学生提供优质的媒介内容。网络媒介要加强对媒介素养教育的宣传，普及有关媒介素养的知识和概念，提升大学生对媒介内容的批判性认识和思考能力。要倡导全社会关注并投身于网络素养教育，促使全社会共同行动，为大学生网络素养教育开展形成良好和谐的社会氛围。同时，网络媒介要努力提升社会对大学生网络成瘾现象的关注度，通过大学生网络成瘾的负面案例解读使更多人认识到这一问题的危害性，为更多深陷于网络成瘾的大学生个体和家庭提供求助的方式和解决问题的渠道。在传播方式上，网络媒介要注意贴近大学生的现实生活，增强传播的亲和力和实效性，构建起各方广泛参与讨论的平台，通过活泼、亲切的口吻和交流互动的网络空间激发大学生群体对网络素养的自主性认识，避免刻板的说教、严厉的训诫引起大学生的反叛心理，为大学生身心健康向前发展营造积极的媒介环境。

第 5 章　结论与展望

一、研究结论

本研究在前人研究的基础上，结合 Young 的上网成瘾测试量表（IAT）、陈淑惠的中文网络成瘾量表（CIAS-R）和陶然的网络成瘾临床诊断标准，构建出了更适合用于测量中国当代大学生网络成瘾倾向的量表，量表包含 21 道题项和四个维度，已在全国范围内广泛发放并收集到 8000 余份数据，具有良好的信效度，能够作为大学生网络成瘾倾向的测量标准。

　　本研究通过问卷调查和半结构化访谈，调查了全国范围内当代大学生的网络素养水平和网络成瘾倾向，得出了当前大学生网络素养整体水平相对较高，网络成瘾倾向处于中等偏上水平。其中，绝大多数学生都呈现出中等或轻微水平的网络成瘾倾向，极少有人完全没有网络成瘾的倾向。通过对问卷数据的方差分析和相关性分析，研究发现个人因素中的性别、上网时长对网络成瘾倾向具有显著影响，家庭因素中的家庭关系亲密程度对网络成瘾倾向具有显著影响，学校因素中的学校有无网络素养相关课程、在上课时间使用手机频率、在上课时间使用手机影响对网络成瘾倾向具有显著影响。

　　本研究进一步分析了网络素养与网络成瘾之间的相关性，探索网络素养对网络成瘾所产生的影响。研究发现，大学生网络素养水平与网络成瘾倾向呈现显著负相关关系，即大学生网络素养水平越高，其网络成瘾倾向越低。网络素养的六个维度和网络成瘾倾向的四个维度中，除了网络安全与隐私保护维度与戒断反应之间不存在相关关系之外，其余的之间均存在显著的相关关系。

　　本研究综合网络素养的六个维度建立起网络成瘾倾向的影响因素模型，该模型可以解释网络成瘾倾向 38.3% 的变异量。其中，上网注意力管理能力、网络信息搜索与利用能力、网络印象管理能力、网络安全与隐私保护能力、网络价值认知和行为能力对网络成瘾倾向具有显著的影响，上网注意力管理能力和网络价值认知和行为能力对网络成瘾倾向的影响为负向，而网络信息搜索与利用能力、网络印象管理能力与网络安全与隐私保护能力对网络成瘾倾向的影响均为正向。此外，在大学生网络素养水平与网络成瘾倾向的关系中，上网时长起到负向的调节效应。

　　本研究对 20 名大学生展开了半结构化访谈，进一步探究了大学生的网络成瘾表现及原因，其行为表现可以主要归结为渴求、戒断反应、耐受性和社会功能受损四个维度，并再次论证了外界环境因素与网络素养水平较低交织容易导致网络成瘾倾向的产生。综合问卷调查和访谈结果，本研究构建了防治大学生网络成瘾的综合机制，认为需要从个人、家庭、学校和社会四方面综合发力。大学生个体要不断提升自我的网络素养能力水平，合理规划、控制和管理网络使用时间；家长要正视网络的功能，提升使用网络的能力，缩短和孩子之间的数字鸿沟，在与孩子沟通时也要注意自己的表达方式；学校要建立起统一的网络素养教育课程体系，加强对学生的上网行为管理，可以将认知—行为团体干预方案运用到对学生的网瘾防治工作中；社会要通过健全网络法规体系加强对网络的监管，并尽快将网络成瘾的心理干预方案推广到临床的治疗工作中去。各方绵绵用力、久久为功，方能有效干预和治疗大学生的网瘾现象，预防大学生陷入网络成瘾的旋涡之中。

二、研究局限

第一，本研究存在样本代表性有所欠缺的问题。本研究采取整群抽样的方法，按照东、中、西部地区的人口比例对各地区的大学进行整群抽取。在筛选过后的有效样本6793份数据中，女生的比例占据七成左右。根据国家统计局发布的报告，高等教育在校生的男女比例为1∶1，本研究所采用的数据与实际的大学生男女比例不太吻合。因此，在样本的代表性上具有不足，应在今后的调查中予以改进。

第二，本研究存在研究深度不够的问题。本研究对大学生网络成瘾倾向的影响因素进行了初步分析，但是并没有分析各因素具体的影响程度以及网络素养各维度与网络成瘾各维度之间的影响机制。此外，还应引入更多中介变量和调节变量来丰富本研究模型。

第三，本研究没有进行已有权威量表和自编制量表之间的相关性分析。本研究综合了Young的上网成瘾测试量表（IAT）、陈淑惠的中文网络成瘾量表（CIAS-R）和陶然的网络成瘾临床诊断标准搭建起来，但不同量表测得的结果是否相同未来需要进一步测量，并和本次研究结果联系起来，考察其中是否存在相关关系，将成为网络成瘾倾向相关研究的又一创新点。

三、未来展望

可以进一步深化对网络成瘾影响机制的分析。要引入更多的自变量，丰富影响因素模型，增加自变量的解释程度。要深化对中介和调节变量的挖掘，除了已经调查过的数据之外，找出还有哪些因素可能会在网络素养和网络成瘾的关系中发挥中介和调节作用，以深刻描摹出涵盖各个方面的网络成瘾综合影响机制。

可以丰富研究方法。目前的研究方法仅限于问卷调查和访谈两种方法，而当代大学生网络成瘾的表现形式是多种多样的，研究方法同样也应该与时俱进。比如可以通过网络民族志的方法调查网瘾大学生的真实网络生活，通过参与式观察的方法了解网瘾的干预和治疗过程，等等，多角度、全方位地了解有关大学生网络成瘾的各个环节。

　　可以采用跨学科的思维。网络成瘾是一个涉及传播学、生物学、社会学、心理学等多学科的现象，其影响机制也十分复杂。对网络成瘾的研究也不能仅限于某一学科的视角，而是要以活跃的、跳脱的思维进行综合研究，从各个学科已取得的丰富研究成果中汲取养分，方能拓展研究的深度和广度。

参考文献

[1] 安涛. 人的发展理论视野下的网络素养本质探析 [J]. 终身教育研究，2022，33（02）：39-46.

[2] 白羽，樊富珉. 大学生网络依赖测量工具的修订与应用 [J]. 心理发展与教育，2005（04）：99-104.

[3] 贝静红. 大学生网络素养实证研究 [J]. 中国青年研究，2006（02）：17-21.

[4] 卜卫. 媒介教育与网络素养教育 [J]. 家庭教育，2002（11）：16-17.

[5] 常晋. 我国中学生数字压力及影响因素分析 [D]. 北京师范大学，2022.

[6] 陈华明，杨旭明. 信息时代青少年的网络素养教育 [J]. 新闻界，2004（04）：32.

[7] 陈淑惠，翁丽祯，苏逸人等. 中文网络成瘾量表之编制与心理计量特性研究 [J]. 中华心理学刊，2003，45（3）：279-294.

[8] 陈侠，黄希庭，白纲. 关于网络成瘾的心理学研究 [J]. 心理科学进展，2003（03）：355-359.

[9] 崔丽娟，刘琳. 互联网对大学生社会性发展的影响 [J]. 心理科学，2003（01）：59-61.

[10] 崔丽娟. 青少年网络成瘾的界定、特性与预防研究 [D]. 华东师范大学，2005.

[11] 戴科. 基于认知行为理论的大学生不良网贷心理干预研究 [J]. 湖南广播电视大学学报，2021（02）：20-25.

[12] 德弗勒 梅尔文，鲍尔 - 洛基奇 桑德拉，等. 大众传播学诸论 [M]. 北京：新华出版社，1990.

[13] 邓林园，方晓义，伍明明，张锦涛，刘勤学. 家庭环境、亲子依恋与青少年网络成瘾 [J]. 心理发展与教育，2013，29（03）：305-311.

[14] 邓林园，刘晓彤，唐远琼，杨梦茜，李蓓蕾. 父母心理控制、自主支持与青少年网络游戏成瘾：冲动性的中介作用 [J]. 中国临床心理学杂志，2021，29（02）：316-322.

[15] 方杰，温忠麟，梁东梅，等.基于多元回归的调节效应分析 [J].心理科学，2015（3）：715-720.

[16] 方晓义，刘璐，邓林园，等.青少年网络成瘾的预防与干预研究 [J].心理发展与教育，2015，31（01）：100-107.

[17] 方增泉，祁雪晶，元英，等.学校如何有效开展青少年网络素养教育 [J].人民教育，2023（Z1）：87-89.

[18] 方增泉，祁雪晶，元英，等.2022年网络素养研究综述 [J].教育传媒研究，2023（01）：23-28.

[19] 方增泉.中国青少年网络素养绿皮书 2020[M].北京：人民日报出版社，2021.

[20] 方增泉.中国青少年网络素养绿皮书 2022[M].北京：人民日报出版社，2022.

[21] 高文斌，陈祉妍.网络成瘾病理心理机制及综合心理干预研究 [J].心理科学进展，2006（04）：596-603.

[22] 管璘，宫承波."动态素养"模型：欧美网络素养教育新动向 [J].当代传播，2022（03）：71-74.

[23] 郭路生，李颖，刘春年.基于阈值概念的"互联网 +"素养框架研究 [J].情报理论与实践，2017，40（12）：46-51.

[24] 国家统计局.2022 年《中国妇女发展纲要（2021—2030 年）》统计监测报告 [R/OL].（2023-12-31）.https://www.stats.gov.cn/sj/zxfb/202312/t20231229_1946062.html.

[25] 国务院新闻办公室.新时代的中国青年 [R/OL].（2022-04-21）.https://www.gov.cn/zhengce/2022-04/21/content_5686435.htm.

[26] 何灿，夏勉，江光荣，魏华.自尊与网络游戏成瘾——自我控制的中介作用 [J].中国临床心理学杂志，2012，20（01）：58-60.

[27] 何雪松.社会工作理论 [M].上海：上海人民出版社，2007：59-72.

[28] 胡丽莎.大学生课堂手机行为调查研究 [D].江苏师范大学，2015.

[29] 胡余波，潘中祥，范俊强.新时期大学生网络素养存在的问题与对策——基于浙江省部分高校的调查研究 [J].高等教育研究，2018，39（05）：96-100.

[30] 黄永宜.浅论大学生的网络媒介素养教育 [J].新闻界，2007（03）：38-39+27.

[31] 姜巧玲.高校网络心理健康教育体系的构建 [D].中南大学，2012.

[32] 靳晶晶.认知行为理论视角下的大学生逃课行为研究 [D].河南师范大学，

2011.

[33] 旷洁．媒介依赖理论在手机媒体环境下的实证研究——基于大学生手机依赖情况的量化分析 [J]. 新闻知识，2013（02）：99-101.

[34] 雷雳，杨洋．青少年病理性互联网使用量表的编制与验证 [J]. 心理学报，2007（04）：688-696.

[35] 李宝敏，余青．杜威的技术探究理论对中小学生网络素养教育的启示 [J]. 上海教育科研，2021（10）：60-66.

[36] 李宝敏．"互联网 +"时代青少年网络素养发展 [M]. 上海：华东师范大学出版社，2018.

[37] 李梦莹．大学生网络素养及其提升路径研究 [J]. 江苏高教，2019（12）：134-137.

[38] 李爽，何歆怡．大学生网络素养现状调查与思考 [J]. 开放教育研究，2022，28（01）：62-74.

[39] 李松岩，梁胜．大学生网络依赖行为的综合影响机制 [J]. 中国健康心理学杂志，2023，31（03）：405-413.

[40] 李涛，张兰君．大学生网络成瘾倾向与父母教养方式关系研究 [J]. 心理科学，2004（03）：662-663.

[41] 李晓华，刘彬．认知行为疗法的理论及在精神疾病治疗中的应用研究进展 [J]. 当代护士（下旬刊），2017（06）：11-14.

[42] 李彦，宋爱芬．新疆少数民族大学生网络素养调查分析 [J]. 中国出版，2013（14）：10-15.

[43] 林洪鑫，肖家铭，王彦，等．大学生网络素养现状与影响因素研究——基于福建师范大学福清分校的问卷调查 [J]. 福建师大福清分校学报，2013（04）：31-36.

[44] 林志雄，邹晓波，谢博，律东，林举达．青少年网络成瘾心理药物联合治疗 [J]. 神经疾病与精神卫生，2006（02）：127-129.

[45] 刘爽．基于认知行为理论对大学生网络依赖问题的行动研究 [D]. 山东大学，2018.

[46] 刘雯．信息连接过载下大学生网络素养的表征和提升研究 [J]. 传媒，2020（21）：82-84.

[47] 刘奕蔓，李丽，马瑜，等．中国大学生网络成瘾发生率的 Meta 分析 [J].

中国循证医学杂志，2021，21（01）：61-68.

[48] 卢丽卉. 台北地区高中职学生网路行为及其相关背景因素之探讨 [D]. 国立政治大学，2001.

[49] 罗艺. 大学生信息素养及其教育支持研究 [D]. 华东师范大学，2021.

[50] 罗艺. 我国大学生网络素养研究现状及趋势——基于共词分析法的可视化图谱分析 [J]. 现代教育管理，2016（10）：118-123.

[51] [美] 安娜·伦布克. 成瘾：在放纵中寻找平衡 [M]. 赵倩，译. 北京：新星出版社，2023.

[52] [美] 霍华德·莱茵戈德. 网络素养：数字公民、集体智慧和联网的力量 [M]. 张子凌，老卡，译. 北京：电子工业出版社，2013.

[53] 沙莲香. 社会心理学 [M]. 北京：中国人民出版社，2002：214.

[54] 尚永辉，艾时钟，王凤艳. 基于社会认知理论的虚拟社区成员知识共享行为实证研究 [J]. 科技进步与对策，2012，29（07）：127-132.

[55] 沈洁. 大学生网络素养与核心价值观认同 [J]. 当代青年研究，2018（04）：11-16.

[56] 宋琳琳，刘乃仲. 论网络媒体的使用与满足 [J]. 新闻爱好者，2009（12）：50-52.

[57] 孙晓敏，杨舒婷，孔小杉，等. 时间贫困内涵及其对幸福感的影响：稀缺理论视角 [J]. 心理科学进展，2024，32（01）：27-38.

[58] 陶然，黄秀琴，王吉囡，刘彩谊，张惠敏，肖利军，姚淑敏. 网络成瘾临床诊断标准的制定 [J]. 解放军医学杂志，2008（10）：1188-1191.

[59] 陶然，王吉囡，黄秀琴，刘彩谊，姚淑敏，肖利军，张惠敏，席延荣，张英. 网络成瘾的命名、定义及临床诊断标准 [J]. 武警医学，2008（09）：773-776.

[60] 田丽，葛东坡. 儿童数字风险及影响因素研究 [J]. 青年记者，2022（12）：43-46.

[61] 田丽，张华麟，李哲哲. 学校因素对未成年人网络素养的影响研究 [J]. 信息资源管理学报，2021，11（04）：122.

[62] 田全喜. 高校全面提升大学生网络素养的路径研究 [J]. 东方企业文化，2014（07）：331+334.

[63] 田雨，周梦，王乐昌，秦宁波. 疫情期大学生抑郁与网络成瘾的交叉滞后分析 [J]. 中国临床心理学杂志，2022，30（02）：295-300.

[64] 万晶晶，方晓义 . 大学生网络成瘾的动力系统——心理需求补偿机制 [C]// 第十一届全国心理学学术会议论文摘要集，2007：109.

[65] 王春生 . 元素养：信息素养的新定位 [J]. 图书馆学研究，2013（21）：17–21.

[66] 王国珍 . 青少年的网瘾问题与网络素养教育 [J]. 现代传播（中国传媒大学学报），2015，37（02）：143–147.

[67] 王国珍 . 网络素养教育视角下的未成年人网瘾防治机制探究 [J]. 新闻与传播研究，2013，20（09）：82–96+127–128.

[68] 王美力 . 大学生网络素养对信息焦虑的影响研究 [D]. 北京师范大学，2023.

[69] 王伟军，王玮，郝新秀，等 . 网络时代的核心素养：从信息素养到网络素养 [J]. 图书与情报，2020（04）：45–55+78.

[70] 网络游戏管理办法（草案征求意见稿）[R/OL].（2023–12–22）. https://down load.caixin.com/upload/ziliao/wangluoyouxiguanlibanfa.pdf.

[71] 邬盛鑫，吴键，王辉，等 . 中国小学生网络行为现状及影响因素分析 [J]. 中国学校卫生，2020，41（05）：704–708.

[72] 吴成颂，陆雨晴，王超 . 汇率波动加剧了商业银行系统性风险吗？——基于央行外汇干预的调节效应分析 [J]. 投资研究，2019，38（02）：102–117.

[73] 吴含，王子昭，王斐然，等 . 河北省大学生网络成瘾现状调查与分析 [J]. 社区医学杂志，2014，12（03）：66–68.

[74] 武文颖 . 大学生网络素养对网络沉迷的影响研究 [D]. 大连理工大学，2017.

[75] 谢丽婷 . "媒介化社会"视域下大学生媒介依赖问题研究 [D]. 吉林大学，2022.

[76] 谢新洲 . "媒介依赖"理论在互联网环境下的实证研究 [J]. 石家庄经济学院学报，2004（02）：218–224.

[77] 解瑞宁，王峰，王飞，等 . 医学生网络成瘾倾向现状及与网络素养相关性分析 [J]. 中国高等医学教育，2020（04）：33–34.

[78] 徐轶智 . 认知行为疗法干预青少年网络成瘾的循证实践研究 [D]. 四川外国语大学，2023.

[79] 许颖，苏少冰，林丹华 . 父母因素、抵制效能感与青少年新媒介依赖行为的关系 [J]. 心理发展与教育，2012，28（04）：421–427.

[80] 杨放如，郝伟 . 52 例网络成瘾青少年心理社会综合干预的疗效观察 [J].

中国临床心理学杂志，2005（03）：343-345+352.

[81] 杨文翰，静进.我国青少年网络成瘾的研究及干预进展 [J].中国学校卫生，2008（06）：570-573.

[82] 杨彦平，崔丽娟，赵鑫.团体心理辅导在青少年网络成瘾者矫治中的应用 [J].当代教育科学，2004（03）：46-48.

[83] 叶定剑.当代大学生网络素养核心构成及教育路径探究 [J].思想教育研究，2017（01）：97-100.

[84] 叶浩生.论班图拉观察学习理论的特征及其历史地位 [J].心理学报，1994（02）：201-207.

[85] 于衍治.团体心理干预方式改善青少年网络成瘾行为的可行性 [J].中国临床康复，2005（20）：81-83.

[86] 昝玉林.国外应对青少年网络成瘾的对策及启示 [J].中国青年研究，2007（02）：80-83.

[87] 昝玉林.青少年网络成瘾研究综述 [J].中国青年研究，2005（07）：68-71.

[88] 张博，张洁.元认知干预对注意力品质提升的技术化处理 [J].校园心理，2019，17（06）：493-495.

[89] 张恒.中学生网络效能感的个人、家庭和学校因素研究 [D].北京师范大学，2022.

[90] 张金健，李玉雪，陈红.大学生网络成瘾的发展轨迹：基于潜变量混合增长模型的分析 [J].中国临床心理学杂志，2023，31（02）：349-352.

[91] 张开，丁飞思.回放与展望：中国媒介素养发展的 20 年 [J].新闻与写作，2020（08）：5-12.

[92] 张宛筑，邓冰，黄列玉，等.中学生网络成瘾倾向情况及影响因素分析 [J].中国公共卫生，2013，29（07）：971-974.

[93] 郑希付，沈家宏.网络成瘾的心理学研究——认知和情绪加工 [M].广州：暨南大学出版社，2009：11.

[94] 中国互联网络信息中心.第 53 次中国互联网络发展状况统计报告 [R/OL].（2024-03-22）.https://www.cnnic.net.cn/n4/2024/0322/c88-10964.html.

[95] 中国青少年健康教育核心信息及释义（2018 年版）[R/OL].（2018-09-25）.https://chuzhong.eol.cn/news/201809/t20180925_1626508.shtml.

[96] 佐斌，马红宇.青少年网络游戏成瘾的现状研究——基于十省市的调查

与分析 [J]. 华中师范大学学报（人文社会科学版），2010，49（04）：117-122.

[97] Armstrong L. How to beat addiction to cyberspace[J]. 2001.

[98] Beard, K. W., & Wolf, E. M.. Modification in the Proposed Diagnostic Criteria for Internet Addiction[J]. CyberPsychology & Behavior, 2001,4(3):377-383.

[99] Bergsma L. Media literacy and health promotion for adolescents[J]. Journal of media literacy education, 2011, 3(1): 10.

[100] Comrey, A. L.. Factor-analytic methods of scale development in personality and clinical psychology[J]. Journal of Consulting and Clinical Psychology, 1988,56(5):754-761.

[101] Davis R A. A cognitive-behavioral model of pathological Internet use[J]. Computers in Human Behavior, 2001, 17(2):187-195.

[102] Demirci K, Akg?nül, Mehmet, Akpinar A .Relationship of Smartphone Use Severity with Sleep Quality, Depression, and Anxiety in University Students[J].Journal of Behavioural Addictions, 2015, 4(2):85-92.

[103] Ernst J M, Cacioppo J T .Lonely hearts: Psychological perspectives on loneliness[J]. 1999, 8(1):1-22.

[104] Eun-mee Kim,Soeun Yang. Internet literacy and digital natives' civic engagement: Internet skill literacy or Internet information literacy?[J]. Journal of Youth Studies,2016,19(4).

[105] Goldberg I. Internet addiction disorder[EB/OL]. http://www.cog.brown.edu/brochure/people/duchon/ humor/ internet.addiction.html, 1995.

[106] Hall,Alex,S,et al..Internet Addiction: College Student Case Study Using Best Practices in Cognitive Behavior Therapy[J].Journal of Mental Health Counseling, 2001, 23(4):312-312.

[107] Kim, J., LaRose, R., & Peng, W.. Loneliness as the Cause and the Effect of Problematic Internet Use: The Relationship between Internet Use and Psychological Well-Being[J].CyberPsychology & Behavior, 2009,12(4):451-455.

[108] Ko C H, Yen J Y, Yen C F, et al..The association between Internet addiction and psychiatric disorder: A review of the literature[J].Eur Psychiatry, 2012, 27(1):1-8.

[109] Livingstone S. Engaging With Media—A Matter of Literacy?[J].Communication Culture & Critique, 2010,1(1):51-62.

[110] Mcclure C R. Network literacy: A role for libraries?[J].Information Technology

and Libraries, 1994, 13(2):115–125.

[111] Samaha, M., & Hawi, N. S.. Relationships among smartphone addiction, stress, academic performance, and satisfaction with life[J].Computers in Human Behavior,2016,57:321–325.

[112] Sattar P, Ramaswamy S.Internet gaming addiction.[J].Can J Psychiatry, 2004, 49: 871–872.

[113] Selfe, Cynthia L. Technology and Literacy in the twenty–first century[J]. Carbondale: Southern Illinois University Press,1999.

[114] Shapira N A, Goldsmith T D, Keck P E, et al..Psychiatric Features of Individuals with Problematic Internet Use[J]. Journal of Affective Disorders, 2000, 57(1–3):267–272.

[115] Silverblatt A. Media literacy in the digital age[EB/OL].2000.http://www. readingonline.org/newliteracies/lit_index.aspHREF=/newliteracies/silverblatt/ index.html.

[116] Tsvetkova M, Ushatikova I, Antonova N, et al.. The Use of Social Media for the Development of Digital Literacy of Students: From Adequate Use to Cognition Tools[J]. International journal of emerging technologies in learning, 2021, 16(2).

[117] Young K, Pistner M, O'Mara J, et al.. Cyber Disorders: The Mental Health Concern for the New Millennium[J].CyberPsychology & Behavior, 1999, 2(5):475–479.

[118] Young K S. Caught in the Net: How to Recognize the Signs of Internet Addiction–and a Winning Strategy for Recovery[J].John Wiley and Sons, Inc.,1998.

[119] Young K S. Cognitive Behavior Therapy with Internet Addicts: Treatment Outcomes and Implications[J].CyberPsychology & Behavior, 2007.

[120] Young K S. Internet Addiction: Symptoms, Evaluation, And Treatment[J]. innovations in clinical practice a source book, 1998.

[121] Young K S. Internet Addiction: The Emergence of a New Clinical Disorder[J]. Mary Ann Liebert, Inc., 1998(3):237–244.

[122] Young K S. Levels of depression and addiction under lying pathological Internet use[G]. Washington:Poster presented at the annual meeting of the Eastern Psychological Association, 1997.

[123] Young K S.What makes on–line usage stimulating: potential explanations for pathological Internet use[G]. Chicago:The 105th Annual Convention of the American Psychological Association,1997.